U0266345

薯类加工科普系列丛书

马铃薯主食加工技术知多少

木泰华　张　苗　何海龙　编著

科学出版社

北　京

内 容 简 介

　　本书对马铃薯主食加工基本原料、马铃薯馒头加工技术、马铃薯面包加工技术、马铃薯面条加工技术、马铃薯米粉加工技术、马铃薯主食"新吃法"、地方特色马铃薯美食及马铃薯主食"未来新概念"进行了详细介绍,为改善我国居民膳食营养提供了新途径,对于促进马铃薯消费具有重要的推动作用。

　　本书主要是面向关注马铃薯及其主食加工、营养与保健科学的广大读者,并为相关专业的师生、相关领域的学者及企业人员提供参考。

图书在版编目(CIP)数据

　　马铃薯主食加工技术知多少/木泰华,张苗,何海龙编著. —北京:科学出版社,2016.6

　　(薯类加工科普系列丛书)

　　ISBN 978-7-03-048505-2

　　Ⅰ.①马… Ⅱ.①木… ②张… ③何… Ⅲ.①马铃薯-薯类淀粉-食品加工 Ⅳ.①TS235.2

　　中国版本图书馆CIP数据核字(2016)第123258号

责任编辑:贾 超 / 责任校对:贾娜娜
责任印制:张 伟 / 封面设计:东方人华

科 学 出 版 社 出版
北京东黄城根北街 16 号
邮政编码:100717
http://www.sciencep.com

北京京华虎彩印刷有限公司印刷
科学出版社发行　各地新华书店经销
*

2016年6月第 一 版　开本:A5(890×1240)
2016年6月第一次印刷　印张:4
字数:100 000

定价:**58.00元**
(如有印装质量问题,我社负责调换)

前　言

　　马铃薯俗称洋芋、土豆、山药蛋、地蛋等，是茄科茄属一年生草本植物。原产南美洲安第斯山区的秘鲁和智利一带，于17世纪由东南亚一带传入我国，至今已有300多年的栽培历史。马铃薯栽培具有低投入、高产出、耐干旱和耐瘠薄等特点，是仅次于水稻、小麦和玉米的第四大粮食作物。

　　马铃薯中含有多种人体所需的营养物质，如蛋白质、膳食纤维、维生素、矿物元素等。马铃薯蛋白由18种氨基酸组成，其中必需氨基酸含量与鸡蛋蛋白相当。马铃薯中富含维生素C、维生素B_1、维生素B_2、维生素B_3和维生素B_6等。此外，马铃薯中富含矿物元素，以钾、镁、磷、铁、锌、铜等的含量尤为丰富。在欧美等发达国家和地区，马铃薯主要用于鲜食和加工方便食品，人均年消费量达93kg。目前，我国马铃薯人均年消费量仅为35kg，多以鲜食为主，而以马铃薯为主要原料的加工制品仅占马铃薯总产量的10%，且产品形式主要为淀粉、全粉、变性淀粉、薯片和油炸薯条等，产品单一、营养价值低，而适合我国居民饮食习惯的馒头、面包、面条、米粉等营养主食产品形式匮乏，极大限制了马铃薯原料加工与消费的可持续性增长，与已实现现代农业的发达国家的差距很大。

　　2003年，笔者曾在荷兰与Wageningen大学食品化学研究室Harry Gruppen教授合作完成了一个马铃薯保健特性方面的研究项目。回国后，怀着对薯类研究的浓厚兴趣，笔者带领团队成员开始了对薯类细致专一而又深入的研究。2013年，国家实施马铃薯主食化战略以来，团队在马铃薯馒头、面包等主食加工技术装备研发方面取得阶段性成果，筛选专用品种9个，研发馒头、面包等产品156种，装备6套，制定《薯类及薯制品名词术语》等国家/行业标准2项。2015年，团队首次将马铃薯主食系列产品推向市场，日产10t，在京津冀690家超市销售。参与开展国家9省7市马铃薯主食开发试点工作，累计在48家企业进行产业化示范。马铃薯主食产品逐渐进入人们的视野，为13亿中国人对营养型主食的期盼提供了新的选择。2016年，中央将"积极推进马铃薯主食开发"列入一号文件。

今天，编写本书的目的是希望向大家介绍一些有关马铃薯馒头、面包、面条、米粉的知识，并将在马铃薯主食"新吃法"研究方面的一些最新见知、了解到的各地传统马铃薯美食加工方法与产品以及设想的马铃薯主食"未来新概念"奉献给大家。

限于笔者的专业水平，加之时间相对仓促，书中难免有错误和疏漏之处，敬请广大读者提出宝贵意见及建议。

木泰华

2016年1月26日于北京

目　　录

一、马铃薯主食加工基本原料

要做好主食，原料很重要。为了让大家更好地了解马铃薯主食，在介绍马铃薯主食加工技术之前，先对马铃薯主食加工的基本原料：熟全粉、薯泥和生全粉等进行简要介绍。

1. 马铃薯熟全粉

马铃薯熟全粉是以新鲜马铃薯为原料，经熟化、干燥等工艺加工制成的脱水制品。一般来说，经回填干燥等工艺加工制成的颗粒状脱水制品称为马铃薯颗粒全粉，而经滚筒干燥等工艺加工制成的雪花片状或粉状熟化脱水制品则为马铃薯雪花全粉。有学者研究发现，马铃薯熟全粉的淀粉糊化度很高，限制了其在马铃薯主食中的添加比例，从而不适宜马铃薯主食的生产加工。

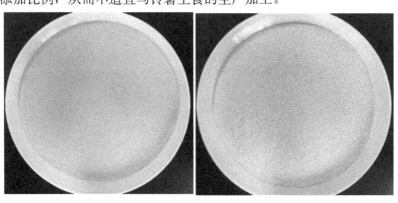

马铃薯颗粒全粉　　　　　　　　马铃薯雪花全粉

2. 马铃薯薯泥

马铃薯薯泥是以新鲜马铃薯为原料经加工熟化后制成的一种泥状产品，一般可直接食用、调成不同口味后食用或制成各种休闲食品。与马铃薯熟全粉类似，马铃薯薯泥也存在淀粉糊化度高的问题，从而同样限制了其在马铃薯主食中的添加比例。

马铃薯薯泥

3. 马铃薯生全粉

马铃薯生全粉是以新鲜马铃薯为原料经脱水干燥加工制成的粉状薯类脱水制品，其中的淀粉未经糊化或糊化度较低。基于马铃薯生全粉加工技术的马铃薯主食专用粉，淀粉糊化度较低，营养及风味损失小，可有效解决马铃薯主食原料价格贵、品质差等问题。目前，马铃薯主食生全粉的研发及产业化生产试验正在紧锣密鼓地进行中，相信不久后就会走进国内市场。

马铃薯生全粉

二、马铃薯馒头

1. 为什么要把马铃薯做成馒头

我国马铃薯资源十分丰富，产量居世界首位，是仅次于小麦、水稻、玉米的第四大主要粮食作物，在国民经济中占有重要地位。目前，我国马铃薯加工技术大多照搬国外，没有形成自主知识产权的技术体系，更无马铃薯馒头等适合我国居民膳食中主食产品的加工技术工艺与配套装备。因此，亟待研究与开发马铃薯馒头等主食产品加工关键技术及配套装备，推动马铃薯的主食化，从而促进我国马铃薯加工产业的快速、健康发展，提高民众营养健康，促进国民经济发展。

（1）改善我国居民膳食营养。

马铃薯具有较高的营养价值，引起了广泛的关注与研究。一般来说，新鲜马铃薯中含9%~20%淀粉、1.5%~2.3%蛋白质、0.1%~1.1%脂肪、0.6%~0.8%粗纤维。马铃薯蛋白营养价值高，可消化成分高，易被人体吸收，其品质与动物蛋白相近，可与鸡蛋媲美。马铃薯蛋白中含有18种氨基酸，包括精氨酸、组氨酸、异亮氨酸、赖氨酸、蛋氨酸、苯丙氨酸、苏氨酸、酪氨酸、缬氨酸等人体不能自身合成的必需氨基酸。此外，马铃薯中还含有丰富的维生素（维生素C、硫胺素、核黄素、烟酸等）及矿物质（如钾、磷、钙等）等营养成分。从营养角度来看，马铃薯比大米、面粉具有更高的营养价值。

（2）促进农业结构调整。

在我国20世纪60~70年代，传统的马铃薯被列为粮食生产，更为准确地说，应是高产粗粮作物，因而曾一度大面积种植，以缓解细粮供应不足。20世纪80年代，主要粮食品种如小麦、水稻、玉米等产量大幅度提高，除在贫困山区外，马铃薯已从口粮范围退出。20世纪90年代后，马铃薯的生产再次升温，更多向蔬菜、加工原料和饲料角色转换，而我国人均马铃薯的消费量也在一度出现回落后再度迅速上升。在过去的10年中，我国马铃薯种植面积和总产量一直呈上升的趋势。估计在未来10年，我国马铃薯的种植面积将继续稳步增长，其原因主要是在农业结构调整中，马铃薯的比较效益显著高于小麦、玉米、豆类、油料和棉花等主要农作物。

2. 什么是马铃薯馒头

马铃薯馒头以优质马铃薯粉和小麦粉按一定配比混合，突破马铃薯馒头成形和发酵难、易开裂等技术难题，通过创新工艺蒸制而成。目前，马铃薯成分占比为30%以上的马铃薯馒头已于2015年6月在京津冀地区上市，走进老百姓餐桌，而无小麦粉添加的纯马铃薯馒头也已研发成功。纯马铃薯馒头具有马铃薯特有的风味，马铃薯粉和小麦粉混合馒头同时保存了小麦的原有麦香风味，芳香浓郁，口感松软。马铃薯馒头富含蛋白质，必需氨基酸含量丰富，可与牛奶、鸡蛋蛋白相媲美，易于消化吸收；维生素、膳食纤维和矿物质（钾、磷、钙等）含量较高，营养均衡，老少皆宜，是一种营养、安全、新型的健康主食。

3. 为什么马铃薯馒头成形难

成形是馒头加工过程中的重要环节之一，直接影响馒头的外观、消费者的可接受程度和在市场中的推广与销售。成形一般分为手工成形和机械成形。我国大多数馒头厂采用手工或半手工、机械或半机械成形方法。

目前，马铃薯馒头的主要原料为一定配比的马铃薯全粉和小麦粉。马铃薯全粉一般是以新鲜马铃薯为原料，经清洗、去皮、挑选、切片、漂洗、预煮、冷却、蒸煮、捣泥等工序，经脱水干燥而得的细颗粒状、片状或粉末状产品，是脱水马铃薯制品中的一种。马铃薯全粉在加工过程中经过了二次熟化，其中的淀粉已被糊化。加工马铃薯馒头时，马铃薯全粉再次熟化，这就容易造成马铃薯全粉黏度大，从而导致马铃薯面团手工成形时黏手、表面粗糙；机械成形时，粘连并滞留在成形机内、面团粘连整形机传送带、所制备产品形状各异、体积大小不均一、表面不光滑等问题。

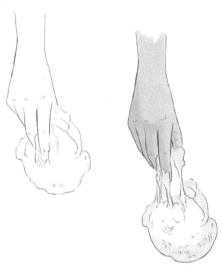

4. 为什么马铃薯馒头发酵难

在面团发酵过程中，伴随着酵母有规律地生长繁殖，是一系列的生物化学反应。在发酵过程中会产生二氧化碳，使面团膨胀，从而形成一定的面团网状结构。面团发酵充分与否，直接影响着馒头的内部组织结构、口感和质地。当发酵不完全时，二氧化碳产生量不足以使面团充分膨胀，从而使整个馒头呈现较硬的状态，导致馒头干硬、口感差。发酵过久时，面团组织发生扩散，从而使制成的馒头内部组织过于松散，气孔也会过大。

马铃薯馒头发酵过程中，由于马铃薯面团的"持气"能力较弱，二氧化碳产生后逃逸，从而导致发酵不完全，制成的馒头较小而略硬。因此，需要改进或创新馒头制作工艺、改进马铃薯馒头配方，从而使馒头表面形成类似"膜"的东西将气体保持在里面，使马铃薯馒头既有弹性又有韧性。

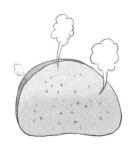

5. 为什么马铃薯馒头易开裂

馒头开裂的原因有很多，如加水量、搅拌时间、发酵次数与时间、面筋蛋白含量等。马铃薯馒头开裂的原因，一方面可能是由于小麦馒头加工工艺不适合用来制备马铃薯馒头；另一方面是由于马铃薯中缺乏一种俗称为"面筋"的谷朊蛋白，从而很难形成稳定的面团结构。

一方面，在小麦馒头加工工艺的基础上，适当提高加水量、改变搅拌速度与时间、调整发酵次数与时间后，可以成功蒸制出虽然略小但外观还不错的马铃薯馒头。因此，突破马铃薯馒头加工过程中一系列的关键生产工艺和技术难题，是成功制备马铃薯馒头的重要手段之一。

另一方面，小麦面筋主要由麦醇溶蛋白和麦谷蛋白组成，其中麦醇溶蛋白占小麦面筋的40%~50%，麦谷蛋白占小麦面筋的30%~40%。麦醇溶蛋白多由非极性氨基酸组成，决定面筋的延伸性；麦谷蛋白决定面筋的弹性和抗延伸性。而马铃薯蛋白主要由马铃薯贮藏蛋白（patatin）和蛋白酶抑制剂组成，其中马铃薯贮藏蛋白含量约为马铃薯蛋白的40%，而蛋白酶抑制剂含量约为马铃薯蛋白的50%。马铃薯蛋白为完全蛋白质，由19种氨基酸组成，其中必需氨基酸含量约20%，占氨基酸总量的48%，可与鸡蛋蛋白相媲美。同时，马铃薯蛋白还具有良好的溶解性和乳化性。综上，马铃薯蛋白和小麦谷朊蛋白在结构组成上有明显差异，可能是造成马铃薯馒头开裂的原因之一。

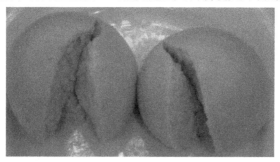

6. 什么马铃薯品种适合加工马铃薯馒头

要做好马铃薯馒头，优质的原料是重要的前提条件。我国马铃薯资源丰富、品种繁多，用什么马铃薯品种可以加工马铃薯馒头呢？针对这个问题，初步选择了西北地区的3种马铃薯品种（紫花白、夏波蒂、青薯9号）和华北地区的3种马铃薯品种（中薯5号、大西洋、费乌瑞它）来制作马铃薯馒头，分析了不同马铃薯品种对马铃薯馒头感官品质、结构特性和物理化学特性的影响，从而粗略了解适宜加工马铃薯馒头的品种。

（1）从外观来看，以夏波蒂、紫花白、青薯9号、大西洋、中薯5号和费乌瑞它6个品种的马铃薯全粉为原料，添加量为30%时，大西洋马铃薯馒头色泽较好，其次为紫花白和青薯9号马铃薯馒头。为了更准确地比较不同品种所制作的马铃薯馒头的大小，需要我们了解一下马铃薯馒头的比体积和高径比。比体积，即每克馒头所占的体积；高径比，即馒头的高度与直径的比值。以夏波蒂、紫花白、青薯9号、大西洋、中薯5号和费乌瑞它6个品种马铃薯全粉为原料所制马铃薯馒头的比体积分别为1.91 mL/g、1.87 mL/g、2.23 mL/g、1.93 mL/g、2.30 mL/g和2.27 mL/g，高径比分别为0.53、0.48、0.54、0.47、0.52和0.50。很明显，中薯5号马铃薯馒头的比体积最大，其次为费乌瑞它和青薯9号马铃薯馒头。

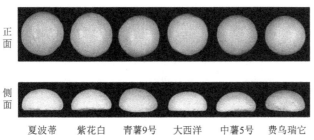

| | | 正面 |
| 侧面 | | |

夏波蒂　　紫花白　　青薯9号　　大西洋　　中薯5号　　费乌瑞它

地区	品种	高径比	比体积（mL/g）
	夏波蒂	0.53	1.91
西北地区	紫花白	0.48	1.87
	青薯9号	0.54	2.23
	大西洋	0.47	1.93
华北地区	中薯5号	0.52	2.30
	费乌瑞它	0.50	2.27

　　（2）从质构来看，与小麦馒头相比，以夏波蒂、紫花白、青薯9号、大西洋、中薯5号和费乌瑞它6个品种的马铃薯全粉为原料，添加量为30%时，所制作的马铃薯馒头硬度均较大。而以青薯9号、大西洋、中薯5号和费乌瑞它制作的马铃薯馒头硬度与小麦馒头较为接近。黏合性反映的是破坏馒头的黏着性所需要的能量，也就是馒头的黏合性越低，越不黏牙。以青薯9号、大西洋、中薯5号和费乌瑞它制作的马铃薯馒头黏合性与小麦馒头较为接近。咀嚼度用于描述将固体食品咀嚼到可吞咽时需做的功，它综合反映了馒头对咀

嚼的持续抵抗性，也就是俗话说的这个食物是柔软还是坚韧。相对来说，咀嚼度越低，馒头越容易被嚼碎，口感越好。同样，以青薯9号、大西洋、中薯5号和费乌瑞它制作的马铃薯馒头咀嚼度与小麦馒头较为接近。

地区	品种	硬度（N）	黏合性（g·s）	咀嚼度（N）
	100%小麦	17.43	9.82	9.96
西北地区	夏波蒂	50.73	21.32	25.78
	紫花白	47.94	21.84	21.47
	青薯9号	24.78	13.45	12.34
华北地区	大西洋	22.76	10.98	8.77
	中薯5号	27.73	14.87	8.01
	费乌瑞它	21.46	11.01	10.53

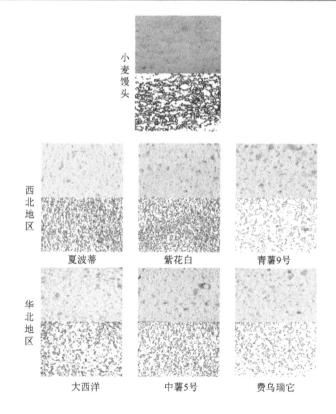

（3）从气孔结构来看，对马铃薯馒头的气孔结构进行分析发现，以夏波蒂、紫花白、青薯9号、大西洋、中薯5号和费乌瑞它6个品种的马铃薯全粉为原料，添加量为30%时，所得马铃薯馒头的气孔密度分别为21.30 cells/cm^2、20.20 cells/cm^2、30.86 cells/cm^2、22.20 cells/cm^2、30.41 cells/cm^{2}和31.20 cells/cm^2。明显地，以青薯9号、中薯5号和费乌瑞它为原料的马铃薯馒头的气孔密度与小麦馒头较为接近。

综合评价来看，在所用的6个品种中，产自西北地区的青薯9号及华北地区的中暑5号较为适合做马铃薯馒头的品种。不过，一方面，本节内容只考虑了单纯添加马铃薯全粉的情况；另一方面，本节内容中也只随机选用了6种马铃薯品种。因此，究竟何种马铃薯品种更适合或最适合加工马铃薯馒头还有待进一步深入研究。而通过研制马铃薯馒头专用原料粉、研发并改进马铃薯馒头加工工艺以及研究马铃薯馒头面团醒发机制，从而克服马铃薯品种对马铃薯馒头品质的影响，应该是更好的选择。

7. 什么小麦粉适合加工马铃薯馒头

小麦粉国家质量标准（GB 1355-1986）按质量指标将小麦粉划分为4类：强筋、强中筋、中筋和弱筋。一般来说，强筋小麦粉主要作为各类面包的原料和其他要求较强筋力的食品原料；中筋小麦粉主要用于各类馒头、面条、面饼、水饺、包子等食品的原料；弱筋小麦粉主要作为蛋糕和饼干等的原料。

那么，马铃薯馒头对小麦的筋度有特殊要求吗？为了搞清楚这个疑问，以高筋小麦和中筋小麦为原料，分析其对小麦与40%马铃薯馒头高径比、比体积、色泽、质构及气孔结构的影响。

（1）单从外观来看，高筋小麦馒头和中筋小麦馒头的个头要比高筋小麦马铃薯馒头、中筋小麦马铃薯馒头稍大，颜色差别不明显。经测定，高筋小麦馒头、中筋小麦馒头、高筋小麦马铃薯馒头、中筋小麦马铃薯馒头比体积（体积与质量之比）分别为1.91 mL/g、2.22 mL/g、1.48 mL/g和1.30 mL/g，高径比分别为0.59、0.57、0.74和0.83。

| 高筋小麦馒头 | 中筋小麦馒头 | 高筋小麦马铃薯馒头 | 中筋小麦马铃薯馒头 |

（2）从质构来看，高筋小麦马铃薯馒头和中筋小麦马铃薯馒头的硬度、咀嚼度、黏合性均高于小麦馒头，而黏着性低于小麦馒头。高筋小麦馒头及马铃薯馒头的硬度低于中筋小麦制成的馒头。

馒头种类	硬度（N）	咀嚼度（N）	黏合性（g·s）	黏着性（g·s）
高筋小麦馒头	30.89	17.47	17.30	87.33
高筋小麦马铃薯馒头	55.66	28.39	27.83	2.41
中筋小麦馒头	54.80	29.33	29.04	110.75
中筋小麦马铃薯馒头	71.87	38.81	38.81	0.72

（3）从气孔结构来看，通过分析高筋小麦和中筋小麦对小麦馒头与马铃薯馒头的气孔结构影响，发现高筋小麦馒头、中筋小麦馒头、高筋马铃薯馒头、中筋马铃薯馒头的气孔密度分别为37.52 cells/cm^2、43.89 cells/cm^2、8.56 cells/cm^{2}和6.24 cells/cm^2。在一定范围内，气孔密度越高，发酵效果越好，则馒头口感越好。也就是说，中筋小麦较为适合做小麦馒头，而高筋小麦则更适合做马铃薯馒头。

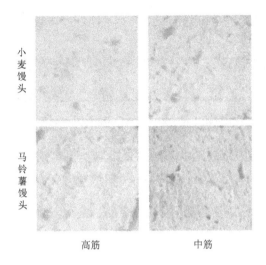

当然，我国是小麦生产大国，而小麦品种繁多，究竟何种品种适合与马铃薯混合加工马铃薯馒头还有待进一步深入研究。而通过研制马铃薯馒头自发粉、研发马铃薯馒头加工新工艺，从而克服小麦品种对马铃薯馒头品质的影响也不失为一个更好的选择。

8. 加工马铃薯馒头要添加多少比例的马铃薯全粉

添加不同比例马铃薯全粉加工的马铃薯馒头品质有何不同？与小麦馒头又有何不同？带着这些疑问，在马铃薯馒头中添加了不同比例马铃薯全粉（10%~40%），并与小麦馒头的外观、色泽、质构、气孔结构以及微观结构进行了比较，现将结果简要介绍给大家。

（1）采用10%、15%、20%、25%、30%、35%、40%马铃薯全粉置换出等量小麦面粉蒸制馒头。通过马铃薯馒头比体积、高径比和色泽的变化，研究马铃薯馒头与小麦馒头有何不同。随着马铃薯全粉添加量的增加（0%~40%），马铃薯馒头比体积逐渐降低（2.95~1.24 mL/g），而高径比逐渐增大（0.64~1.36）。马铃薯馒头皮和瓤的色泽均变暗。

（2）与小麦馒头相比，马铃薯馒头的硬度（17.43~49.33 N）、咀嚼度（9.96~24.91 N）和黏合性（9.82~24.91 g·s）明显增大，黏着性（230.9~0.72 g·s）显著下降，黏结性、弹性和回复性无显著性变化。说明马铃薯全粉弱化面团结构、减弱发酵性能、影响馒头的品质。

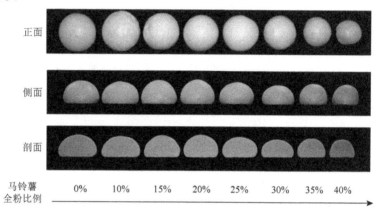

（3）与小麦馒头相比，随着马铃薯全粉添加量的增加，馒头的气孔密度和表面积分率显著降低。100%小麦馒头的气孔密度和表面积分率分别为44.12 cells/cm² 和32.4%。当马铃薯全粉添加量为40%时，馒头的气孔密度和表面积分率分别降至6.24 cells/cm² 和12.8%。

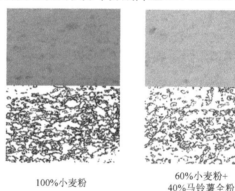

100%小麦粉　　　　　60%小麦粉+
40%马铃薯全粉

（4）对100%小麦面团和马铃薯面团（马铃薯全粉添加量为10%~40%）的微观结构进行观察发现，随着马铃薯全粉添加量的增加，面团中的网状结构逐渐被破坏，结构变得紧密，在一定程度上反映了马铃薯全粉添加量的增加，是导致马铃薯馒头比体积降低和硬度增加的原因。

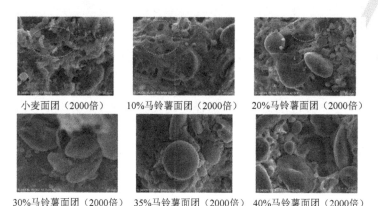

小麦面团（2000倍）　　10%马铃薯面团（2000倍）　　20%马铃薯面团（2000倍）

30%马铃薯面团（2000倍）　　35%马铃薯面团（2000倍）　　40%马铃薯面团（2000倍）

（5）对100%小麦面团和马铃薯面团（马铃薯全粉添加量为10%~40%）风味物质生成的变化分析发现，第1主成分（PC1）和第2主成分（PC2）的贡献率分别达到99.99%和0.0049%，总贡献率达99.99%，说明不同比例的马铃薯馒头的气味不同，电子鼻可以对其进行较好的鉴别。

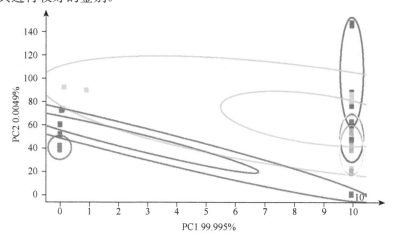

蓝色：100%小麦粉；绿色：10%马铃薯全粉；红色：15%马铃薯全粉；灰色：20%马铃薯全粉；
黄色：25%马铃薯全粉；墨绿色：30%马铃薯全粉；棕色：35%马铃薯全粉

综上所述，马铃薯全粉弱化面团结构、减弱发酵性能、影响馒头的品质。因此，看似简单的马铃薯馒头，要做成、做好也不是一件简单的事。

9. 加工马铃薯馒头为什么要添加不同食用成分

在小麦面粉中加入一定比例的马铃薯全粉后，马铃薯馒头竟然变小了，颜色也变暗了，这样的馒头消费者会接受吗？有没有必要添加一些食用成分，从而改善马铃薯馒头的内部结构和质构特性呢？答案是肯定的。本节内容就将添加不同食用成分对马铃薯馒头品质的影响介绍给大家。

（1）在马铃薯馒头中添加谷朊蛋白。

谷朊蛋白，俗称小麦面筋蛋白，是以小麦为原料，经过深加工提取的一种淡黄色粉状的天然谷物蛋白，具有强吸水性、黏弹性、延伸性、成膜性、黏附热凝性、吸脂乳化性等多种特性，是优良的面团改良剂、高效的绿色面粉增筋剂，广泛应用于面制品、肉制品、水产品、保健品等领域中。那么添加不同比例谷朊蛋白对马铃薯馒头的品质会有什么影响呢？下面就来比较下，在马铃薯全粉添加量为35%的马铃薯馒头中添加0%~9%的谷朊蛋白后，马铃薯馒头品质的变化情况。

从外观和色泽上看，添加不同比例的谷朊蛋白后，马铃薯馒头高径比降低，与小麦馒头类似；马铃薯馒头比体积增大，但低于小麦馒头。添加1%~3%谷朊蛋白时，马铃薯馒头皮和瓤的色泽得到改善；继续添加谷朊蛋白时，马铃薯馒头会变暗。

样品	高径比	比体积（mL/g）
100%小麦粉	0.64	2.95
35%马铃薯全粉	1.36	1.24
35%马铃薯全粉+1%谷朊蛋白	0.68	1.69
35%马铃薯全粉+3%谷朊蛋白	0.60	1.85
35%马铃薯全粉+5%谷朊蛋白	0.59	1.89
35%马铃薯全粉+7%谷朊蛋白	0.61	1.89
35%马铃薯全粉+9%谷朊蛋白	0.61	1.96

在质构方面，与小麦馒头相比，添加不同比例谷朊蛋白后，马铃薯馒头的硬度、黏合性和咀嚼度显著增加，说明马铃薯馒头吃起来更有韧性和嚼劲。黏着性主要指的是咀嚼时馒头对上腭、牙齿、舌头等接触面黏着的性质，黏着性也就是我们通常说的黏牙的感觉。与不添加谷朊蛋白的马铃薯馒头相比，添加不同比例的谷朊蛋白后，马铃薯馒头黏着性增加，也就是说黏牙的感觉变得相对明显。添加不同比例的谷朊蛋白后，马铃薯馒头的回复性也显著增加，说明马铃薯馒头在受压后恢复变形的能力提高了。而添加不同比例谷朊蛋白后，马铃薯馒头弹性和黏结性变化不显著。

（2）在马铃薯馒头中添加花生蛋白。

花生蛋白为贮藏蛋白，又称种子蛋白，是以花生或花生粕为原料，经过深加工提取的一种乳白色粉状的天然植物蛋白，具有良好的持水性、吸油性、乳化性和凝胶性，可广泛应用于食品、保健品等领域中，是潜在的优质植物蛋白资源。那么添加不同比例花生蛋白对马铃薯馒头的品质会有什么影响呢？下面就来比较下，在马铃薯全粉添加量为35%的马铃薯馒头中添加0%~9%的花生蛋白后，马铃薯馒头品质的变化情况。

在外观和色泽方面，添加不同比例的花生蛋白后，马铃薯馒头高径比降低，而马铃薯馒头比体积增大，但低于小麦馒头。添加1%~3%花生蛋白时，马铃薯馒头色泽得到改善；继续添加花生蛋白时，马铃薯馒头变暗。

样品	高径比	比体积（mL/g）
100%小麦粉	0.64	2.95
35%马铃薯全粉	1.36	1.24
35%马铃薯全粉+1%花生蛋白	0.66	1.96
35%马铃薯全粉+3%花生蛋白	0.74	1.91
35%马铃薯全粉+5%花生蛋白	0.67	1.91
35%马铃薯全粉+7%花生蛋白	0.67	1.91
35%马铃薯全粉+9%花生蛋白	0.70	1.93

在质构方面，与小麦馒头相比，添加不同比例花生蛋白后，马铃薯馒头的硬度、黏合性和咀嚼度显著增加，说明马铃薯馒头吃起来更有韧性和嚼劲；马铃薯馒头黏着性增加，说明较不添加花生蛋白的马铃薯馒头来说黏牙。添加不同比例的花生蛋白后，马铃薯馒头的回复性逐渐降低，说明马铃薯馒头在受压后恢复变形的能力降低了。而添加不同比例花生蛋白后，马铃薯馒头的弹性和黏结性变化不显著。

（3）在马铃薯馒头中添加大豆蛋白。

大豆蛋白，是以低温豆粕为原料，经过深加工提取的一种淡黄色粉状的天然植物蛋白，是目前市场上的主导型植物蛋白产品，具有很高的营养保健价值和各种功能特性，广泛应用于面制品、焙烤制品、肉制品、糖果制品、保健品等领域中。那么添加不同比例大豆蛋白对马铃薯馒头的品质会有什么影响呢？下面就来比较下，在马铃薯全粉添加量为35%的马铃薯馒头中添加0%~9%的大豆蛋白后，马铃薯馒头品质的变化情况。

在外观和色泽上，添加不同比例的大豆蛋白后，马铃薯馒头高径比降低，与小麦馒头类似；马铃薯馒头比体积均高于未添加的马铃薯馒头，然而随着大豆蛋白添加量的增加，马铃薯馒头的比体积呈先增加后降低的趋势。添加1%~3%大豆蛋白时，马铃薯馒头色泽得到改善；继续添加大豆蛋白时，马铃薯馒头变暗。

样品	高径比	比体积（mL/g）
100%小麦粉	0.64	2.95
35%马铃薯全粉	1.36	1.24
35%马铃薯全粉+1%大豆蛋白	0.67	1.81
35%马铃薯全粉+3%大豆蛋白	0.68	1.92
35%马铃薯全粉+5%大豆蛋白	0.67	1.96
35%马铃薯全粉+7%大豆蛋白	0.65	1.90
35%马铃薯全粉+9%大豆蛋白	0.65	1.91

在质构方面，与小麦馒头相比，添加不同比例大豆蛋白后，马铃薯馒头的硬度、黏合性和咀嚼度显著增加，说明马铃薯馒头吃起来更有韧性和嚼劲；马铃薯馒头黏着性增加，说明较不添加大豆蛋白的马铃薯馒头来说黏牙。

10. 马铃薯馒头是怎么加工的

说了这么多关于马铃薯馒头的事情，那马铃薯馒头是怎么加工的呢？可以像小麦馒头一样能在家自己做吗？可以实现大规模产业化生产吗？可以在市场上买到吗？

（1）马铃薯馒头的家庭烹调。

为了让普通消费者可以在家制作马铃薯馒头，马铃薯馒头的家庭烹调方法研制就变得很有必要。以马铃薯馒头自发粉为原料，加入适量的水，经和面搅拌形成均一的面团。当然，如果家中没有家用搅拌机，也可以手工揉成均一、表面光滑的面团。将面团置于温暖处发酵合适的时间，待面团为原面团2~3倍大时，即可搅拌。经搅拌均匀后，分成大小均一的小面团，在案板上铺一层薄面，手工揉制成形。成形后，蒸锅中放入凉水，稍微加热，放上马铃薯馒头坯子，盖锅盖静置醒发15 min，然后开大火蒸30~40 min，即可食用。

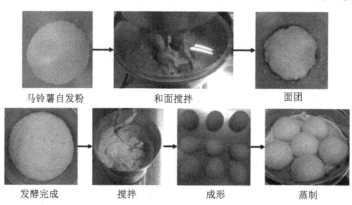

马铃薯自发粉　　　　和面搅拌　　　　　面团

发酵完成　　　搅拌　　　成形　　　蒸制

（2）马铃薯馒头的小批量中试生产。

在马铃薯馒头的家庭烹调工艺的基础上，为了实现马铃薯馒头的产业化生产，使马铃薯馒头真正走向餐桌，进行了马铃薯馒头的小批量中试生产。通过调节加水量与搅拌时间、调节发酵温度与时间，经搅拌、成形、整形、醒发、蒸制等工序，使马铃薯馒头的小批量中试生产工艺运转成功。

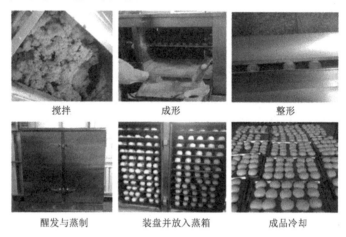

搅拌　　　　　　　　成形　　　　　　　　整形

醒发与蒸制　　　　装盘并放入蒸箱　　　　成品冷却

（3）马铃薯馒头的产业化生产试验。

在马铃薯馒头小批量中试生产的基础上，通过改进马铃薯馒头自发粉配方、调节加水量与搅拌时间、调节发酵温度与时间，经搅拌、成形、整形、醒发、蒸制等工序，实现了马铃薯馒头的产业化生产，每小时可生产4000个馒头。

搅拌　　　　　　　　　　　　成形

整形　　　　　　　　　　醒发与蒸制

11. 马铃薯馒头你会尝试吗

　　细心的消费者不难发现，大家已经可以在北京的各大超市买到马铃薯馒头了。原来，马铃薯馒头成形和发酵难、易开裂等技术难题已被突破，通过开展产学研结合，经过一系列的技术创新和设备改进，使马铃薯馒头率先走上了京津冀地区百姓的餐桌。

　　自2015年1月份以来，北京某主食加工企业与科研院所进行产学研结合，先后开发了高品质、高营养的马铃薯馒头、花卷、包子、面包、糕点等系列主食产品，同时，该公司作为我国首家食品加工企业对马铃薯主食进行示范生产及推广。

目前，除马铃薯馒头外，该公司已开发并小批量试生产马铃薯产品10余种，并已陆续上市。相信不久之后，马铃薯馒头自发粉以及马铃薯主食产品系列专用粉等也可以在超市里买到，大家可以在家自己亲自动手做啦！

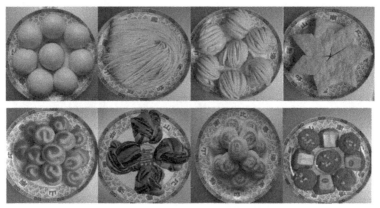

三、马铃薯面包

1. 马铃薯能做成面包吗

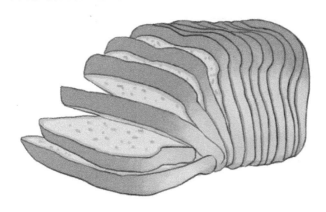

一般而言，面包是以面粉、水、盐、酵母和其他成分为原料经焙烤而成。面包制作过程的成功取决于许多因素，如原料、混合时间、酵母等。在这些因素中，面包的质量主要取决于小麦蛋白。小麦面粉中含有面筋蛋白，可使面团具有弹性特征，赋予酵母发酵面包持有二氧化碳的独特性质。

已有报道指出，马铃薯全粉添加量不超过20%时，可以制成消费者可接受的发酵面包。然而，马铃薯全粉添加比例过高则可能会由于面筋蛋白的"稀释效应"，而最终影响产品的功能性质。因此，有必要开发马铃薯面包加工技术，以提高马铃薯成分在面包中的占比，最终实现马铃薯面包的产业化生产。

2. 什么是马铃薯面包

马铃薯面包以优质马铃薯全粉和小麦粉为主要原料，突破马铃薯面包成形和发酵难、体积小的技术难题，通过创新工艺焙烤而成。目前，马铃薯成分占比为30%以上的马铃薯面包已研发成功。马铃薯面包风味独特浓郁，集马铃薯的特有风味与纯正的麦香风味为一体，鲜美可口，软硬适中。马铃薯面包富含蛋白质，必需氨基酸含量丰富，易于消化吸收；维生素、膳食纤维和矿物质（钾、磷、钙等）含量较高，营养均衡，老少皆宜，是一种营养型的健康主食。

3. 为什么马铃薯面包分切难

分切，也就是分块，关系到面包是否均匀一致，是面包加工过程中的重要环节之一。当然，可采用手工分切，也可以采用半自动或全自动的分切机进行。

马铃薯面团黏度大，是造成马铃薯面团分切难的主要原因。采用手工分切时，会出现马铃薯面团黏手、黏刀或黏在秤盘上等问题；采用现有面团分切机进行分块时，会出现马铃薯面团粘连刀片、滞留在托盘内，分切后的面团又会黏在一起，所分切的面团体积大小不一等问题。

4. 为什么马铃薯面包成形难

　　成形是把分切或压片后的面团做成产品所需的形状，使面包式样整齐、外观一致。目前，我国大多数面包厂采用手工或半手工、半自动化或全自动化成形方法。一般来说，手工成形多用于花色面包或特殊形状面包的制作，形状较复杂、产量低；而自动化成形多用于主食面包等的制作，形状简单、产量大。

　　与马铃薯馒头类似，在马铃薯面包的加工过程中，同样存在马铃薯面包成形难的问题。在马铃薯面包成形期间，温度过高或过低都会影响面团的发酵进程，而面团的继续发酵也会反过来影响面包的成形。例如，温度过高会加速面团发酵，但会使面团过黏，导致无法成形或成形后产品表面粗糙、成品率低；而温度过低时，虽然发酵进程暂时受到抑制，但会导致面团表面失水形成硬皮，从而影响产品的外观与品质等。

5. 为什么马铃薯面包焙烤难

焙烤，又称为烘烤、烘焙，是面包类产品制作过程中不可缺少的步骤，在此过程中会发生蛋白质变性、淀粉糊化、水分汽化和迁移等一系列化学变化，从而达到面包类产品熟化的目的。

在马铃薯面包焙烤过程中，常出现面包塌陷、表皮褶皱、外观变形、色泽发暗等问题。面包塌陷、表皮褶皱和外观变形的发生，可能的原因是一方面马铃薯面团的水分含量高、持气能力较差，另一方面现有面包生产工艺不适于制作马铃薯面包。

6. 不同食用成分配比是怎样影响马铃薯面包品质的

不同的食用成分，如淀粉（预糊化木薯淀粉、木薯淀粉、抗性淀粉）和凝胶（羟丙基甲基纤维素、黄原胶、羧甲基纤维素、海藻酸果胶、卡拉胶等），可以添加到无面筋蛋白或低面筋蛋白含量的发酵面包中，从而对面包的结构、口感、可接受性和保质期产生积极影响。同时，这些食用成分也可以通过增加系统黏度来改善面团发酵和持气能力，从而获得较大的面包比体积。然而，值得强调的是，不同食用成分的效果在很大程度上取决于所使用的原料、食用成分的性质和数量以及水的可用性，因而非常难以预测每种食用成分在不同配方中的实际效果。

为了改善马铃薯面包的结构和功能性质，以50%小麦面粉和50%马铃薯全粉为原料，在其中添加不同食用成分，如果胶、阿拉伯树胶、魔芋葡甘露聚糖、羟丙基甲基纤维素、木薯淀粉和玉米淀粉等，来制备马铃薯面包。

（1）添加不同食用成分的马铃薯面包。

通过添加不同比例的食用成分，如果胶、阿拉伯树胶、魔芋葡甘露聚糖、羟丙基甲基纤维素、木薯淀粉和玉米淀粉的一种或几种，制成了9种马铃薯面包。与这9种马铃薯面包相比，以小麦面粉为原料的面包气孔分布均一，比体积大。上述9种马铃薯面包中，不添加其他食用成分的马铃薯面包比体积最小，而不同食用成分的添加增加了马铃薯面包的比体积，改善了面包的形状。

不同食用成分配比（简写）	不同食用成分配比（全称）
100% WF	100%小麦面粉
50/50% WFPF	50%小麦面粉与50%马铃薯全粉
50/50% WFPF，3% pectin	50%小麦面粉、50%马铃薯全粉、3%果胶
50/50% WFPF，3% HPMC	50%小麦面粉、50%马铃薯全粉、3%羟丙基甲基纤维素
50/50% WFPF，10% CAS	50%小麦面粉、50%马铃薯全粉、10%木薯淀粉
50/50% WFPF，10% COS	50%小麦面粉、50%马铃薯全粉、10%玉米淀粉
50/50% WFPF，2% AG	50%小麦面粉、50%马铃薯全粉、2%阿拉伯树胶
50/50% WFPF，2% KJG	50%小麦面粉、50%马铃薯全粉、2%魔芋葡甘露聚糖
50/50% WFPF，3% HPMC，10% CAS	50%小麦面粉、50%马铃薯全粉、3%羟丙基甲基纤维素、10%木薯淀粉
50/50% WFPF，3% HPMC，10% CAS，0.5% AG	50%小麦面粉、50%马铃薯全粉、3%羟丙基甲基纤维素、10%木薯淀粉、0.5%阿拉伯树胶

（2）添加不同食用成分马铃薯面包的品质。

气孔体积分数表示面包瓤的横断面积的气孔比例，也就是当你切开面包时，面包切面上所能观察到的气孔的大小和多少，而气孔的大小和多少是影响面包口感的重要因素之一。在添加不同食用成分的马铃薯面包中，3种添加羟丙基甲基纤维素、木薯淀粉和羟丙基甲基纤维素/木薯淀粉/阿拉伯树胶的马铃薯面包的气孔体积分数较大；而不添加其他食用成分和添加果胶的马铃薯面包的气孔体积分数最小，说明结构更致密。添加果胶可能增加了面团的黏度，从而使得气孔变小。

面包面团发酵后体积增量是评价面包品质的标准之一。面包由生面团到焙烤后的面包必须有适度的体积膨胀，体积膨胀不够，会使面包组织过于紧密、颗粒粗糙、掉渣；体积膨胀过大，则会影响面包内部的组织，使面包过分多孔而松软。小麦面包的面团发酵后体积增量最大，远高于马铃薯面包。与其他马铃薯面包相比，添加了羟丙基甲基纤维素和阿拉伯树胶马铃薯面包的面团发酵最大体积增量较大。羟丙基甲基纤维素的添加可以改善发酵过程中的水合作用和黏弹性平衡，从而改善发酵特性。面包的比体积表示单位质量面包所占有的体积。小麦面包的比体积最大，而马铃薯面包由于面筋蛋白的"稀释效应"，比体积较小。在所有马铃薯面包中，不添加其他食用成分的马铃薯面包比体积最小，而添加羟丙基甲基纤维素的马铃薯面包比体积最大。面包的高径比可以用来反映面包的形状。所有面包的高径比都大于0.5，说明这些面包更接近于球形。添加阿拉伯树胶的马铃薯面包的高径比最大，高于小麦面包和其他马铃薯面包，说明阿拉伯树胶有助于增加面包的高度。不添加其他食用成分的马铃薯面包高径比最小，说明其比较扁平。添加魔芋葡甘露聚糖的马铃薯面包的高径比与小麦面包相比无显著性差异。有趣的是，与小麦面包相比，单独添加羟丙基甲基纤维素和木薯淀粉的马铃薯面包，高径比显著降低；而同时添加羟丙基甲基纤维素和木薯淀粉的马铃薯面包，高径比没有显著改变，说明两种食用成分有协同增效作用。

水分活度是影响食品保质期以及色香味等特性的重要因素。小麦面包与马铃薯面包的水分活度均较高，表明其有利于微生物和霉菌的生长。焙烤过程中面包的质量损失主要与水的损失有关。较低的水分损失确保了更高的水分含量，从而防止了产品在存储过程中硬度和弹性的增加。在新鲜面包中，也就是存储时间为0 h时，小麦面包的水分含量最低，而马铃薯面包的水分含量则较高。可能的原因是马铃薯淀粉含有的磷酸基团能够与水分子建立静电相互作用。同时，食品胶（如羟丙基甲基纤维素）在加热过程中由溶液变为凝胶，形成热稳定的网络结构，从而保持面包面团在焙烤过程中的体积和防止水分的损失。随着储藏时间的增加，除添加玉米淀粉的马铃薯面包外，添加其他成分（如果胶、羟丙基甲基纤维素、木薯淀粉、阿拉伯树胶、魔芋葡甘露聚糖等）马铃薯面包的水分含量均有所降低。

面包的光泽和色泽有一定的关联，面包光泽度一定程度上反映出产品的新鲜度。一般来说，新鲜的面包光泽度好，诱人食欲。与小麦面包相比，单独添加果胶、羟丙基甲基纤维素和魔芋葡甘露聚糖的马铃薯面包，亮度值较低，色泽较暗。且单独添加果胶和羟丙基甲基纤维素马铃薯面包的红色增加。

（3）添加不同食用成分马铃薯面包的老化。

将小麦面包和马铃薯面包储藏24 h和48 h，通过测定其热特性，来衡量它们的老化程度。随着储藏时间的增加，由于淀粉的老化，面包的热焓（ΔH）增加。所有新鲜马铃薯面包（0 h）均没有显示任何吸热转变，表明焙烤后淀粉完全糊化，可能的原因是这些面包中含有带有磷酸基团马铃薯淀粉和亲水的食用成分，从而使焙烤过程中面包面团中的水分得以保留，而这些水分可用于淀粉凝胶。此外，在储藏24 h时，一些食用成分，如羟丙基甲基纤维素、木薯淀粉、阿拉伯树胶和魔芋葡甘露聚糖，延缓了马铃薯面包的老化。添加木薯淀粉的马铃薯面包的ΔH最低，可能是由于面团持水能力增加的原因。

（4）添加不同食用成分马铃薯面包的质构。

发酵过程中，面团物理化学特性的变化决定最终产品的结构特性和机械性能。新鲜小麦面包和马铃薯面包的硬度差异不显著，但随着储藏时间（24 h和48 h）的延长，小麦面包和马铃薯面包的硬度均明显增大。有趣的是，以储藏24 h和48 h时，添加玉米淀粉的马铃薯面包的硬度均最大，可能的原因是玉米淀粉的老化导致了马铃薯面包硬度的增加。除添加木薯淀粉的马铃薯面包外，随着储藏时间的增加，小麦面包和马铃薯面包的弹性几乎没有明显的变化。

无论是新鲜的还是储藏后的小麦面包和马铃薯面包（0 h、24 h和48 h），它们的咀嚼度很大程度受到了其硬度的影响。新鲜小麦面包和马铃薯面包的咀嚼度间没有显著区别。随着储藏时间的变化，小麦面包和马铃薯面包的咀嚼度显著增加，尤其是小麦面包、不添加其他食用成分的马铃薯面包、添加果胶的马铃薯面包和添加玉米淀粉的马铃薯面包。储藏24 h和48 h后，与小麦面包和不添加其他食用成分的马铃薯面包相比，添加了羟丙基甲基纤维素、木薯淀粉、阿拉伯树胶和魔芋葡甘露聚糖的咀嚼度较低。

回复性表示样品在第一次压缩过程中回弹的能力，反映了馒头受压后迅速恢复变形的能力。不管是新鲜的还是储藏24 h和48 h后，只有小麦面包和添加玉米淀粉的马铃薯面包回复性较好。

（5）添加不同食用成分马铃薯面包的微观结构。

为了更直观地了解不同食用成分对马铃薯面包的影响，就需要对马铃薯面包的微观结构进行观察。在放大500倍时，小麦面包和马铃薯面包都呈现出带有球形或椭圆形小气孔的粗网筛结构。在放大3000倍时，可明显观察到小麦面包的均一网状结构，而不添加其他食用成分的马铃薯面包的网状结构略有破坏；添加果胶的马铃薯面包呈块状和片层结构；单独添加羟丙基甲基纤维素、木薯淀粉和魔芋葡甘露聚糖的马铃薯面包拥有和小麦面包类似的网状结构，气孔分布相对均一，但明显的有淀粉颗粒的存在；单独添加玉米淀粉和阿拉伯树胶的马铃薯面包结构致密，表面光滑；而同时添加2~3种不同食用成分的马铃薯面包的气孔则分布不均一，但表面较为光滑。

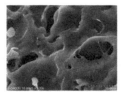 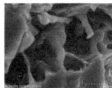 

| 100% WF | 50/50% WFPF | 50/50% WFPF, 3% HPMC |

100% WF 表示 100% 小麦面粉；50/50% WFPF 表示 50% 小麦面粉与 50% 马铃薯全粉；50/50% WFPF，3% HPMC 表示 50% 小麦面粉、50% 马铃薯全粉、3% 羟丙基甲基纤维素

上图为放大 3000 倍的图片

（6）添加不同食用成分马铃薯面包的感官评价。

为了评价添加不同食用成分马铃薯面包的消费可接受性，有必要对小麦面包、不添加其他食用成分的马铃薯面包、单独添加羟丙基甲基纤维素的马铃薯面包、添加羟丙基甲基纤维素和木薯淀粉的马铃薯面包以及添加羟丙基甲基纤维素、木薯淀粉、阿拉伯树胶的马铃薯面包的外观、气味、风味和质地等感官品质进行评价。与小麦面包相比，单独添加羟丙基甲基纤维素的马铃薯面包和添加羟丙基甲基纤维素、木薯淀粉的马铃薯面包的外观都是令人接受的。小麦面包和所选的4种马铃薯面包的气味和风味没有显著不同。而有趣的是，在质地方面，马铃薯面包获得了比小麦面包更高的评价。

综上所述，不同食用成分，如果胶、阿拉伯树胶、魔芋葡甘露聚糖、羟丙基甲基纤维素、木薯淀粉和玉米淀粉等，对马铃薯面包的质构性质、结构特性、热特性和感官品质具有一定的影响，这些结果提供了马铃薯全粉部分替代小麦粉从而制作出马铃薯面包的可能性，值得进一步深入研究。

7. 马铃薯面包是怎么加工的

（1）马铃薯面包的家庭烹调。

为了让普通消费者可以在家自制马铃薯面包，马铃薯面包的家庭烹调方法研制就变得同样重要。以马铃薯面包专用粉为原料，加入适量的水，经和面搅拌形成均匀一致的面团。当然，如果家中没有家用搅拌机，也可以手工揉成均一、表面光滑的面团。将面团置于温暖处发酵合适的时间，待面团为原面团3~4倍大时，即可搅拌。经搅拌均匀后，分成大小均匀的小面团，在案板上铺一层薄面，手工揉制成形。成形后，置于温暖处醒发合适的时间。将烤箱160 ℃预热，预热后入烤箱烤制30 min即可食用。此外，大家也可以根据自己喜欢的口味，添加一些坚果、果酱、乳酪等，也可以做成不同

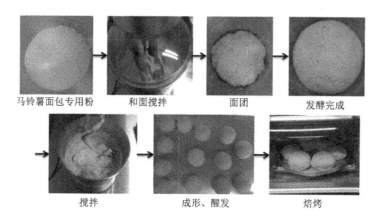

| 马铃薯面包专用粉 | 和面搅拌 | 面团 | 发酵完成 |

| 搅拌 | 成形、醒发 | 焙烤 |

的形状，以增加马铃薯面包的花色品种。

（2）马铃薯面包的小批量中试生产。

在马铃薯面包的家庭烹调工艺的基础上，为了简化工艺流程，缩短生产周期，通过对马铃薯面包生产过程中的加水量与搅拌时间、发酵温度与时间等进行改进，经和面搅拌、分切、成形、发酵、焙烤等工序，使马铃薯面包的小批量中试生产工艺运转成功。

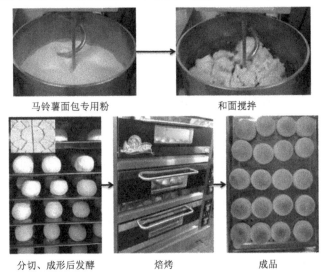

马铃薯面包专用粉　　　　　　　　和面搅拌

分切、成形后发酵　　　　焙烤　　　　　　成品

与此同时，马铃薯面包的产业化生产试验也在紧锣密鼓地进行中。马铃薯面包也将像马铃薯馒头一样，走向市场，走向餐桌。

四、马铃薯面条

1. 马铃薯能做成面条吗

　　一般而言，面条是以面粉、水、盐和其他成分为原料制成面团，经压制、擀制、抻拉等手段，制成或窄、或宽、或扁、或圆的条状，再经煮、焖、炒、烩或炸而成的一种食品，形成了色、香、味、形的完美统一。面条起源于中国，历史源远流长，其以制作简单、食用方便、营养丰富等优点，深受各国人民喜爱。

　　面条制作过程的成功取决于许多因素，其中蛋白质含量、蛋白质构成、淀粉黏度特性等对面条的品质起决定作用。蛋白质含量过低、面团强度过弱时，面条的耐煮性差、断条率高、易浑汤、咀嚼度差、韧性和弹性不足，则口感不好；蛋白质含量过高、面团强度过强时，面条变得耐煮、基本无断条、韧性和弹性强，但硬度会过高，不容易咀嚼。蛋白质构成也会影响面条的品质，如中分子质量麦谷蛋白亚基构成与面条煮熟品质有一定关系。与此同时，淀粉黏度特性与面条品质有密切关系，可以影响到面条的柔软度和光滑度。

已有报道指出，马铃薯全粉添加量不超过15%时，可以制成消费者可接受的马铃薯面条。然而，马铃薯全粉添加比例过高则可能会由于蛋白质构成的变化，以及淀粉结构、直/支链淀粉比例、糊化特性等的改变，而造成面团熟化不充分、面带易断裂或破损，从而最终影响产品的功能性质。因此，有必要开发马铃薯面条加工技术，以提高马铃薯成分在面条中的占比，最终实现马铃薯面条的产业化生产，丰富百姓餐桌。

2. 什么是马铃薯面条

马铃薯面条以优质马铃薯全粉和小麦粉为主要原料，通过创新工艺制成，突破了马铃薯面条熟化难、面带成形难、易断条、易浑汤等技术难题，成功研制出马铃薯成分占比为30%以上的马铃薯面条。马铃薯面条具有马铃薯特有的风味，同时保存了小麦的原有麦香风味，芳香浓郁，口感滑润。马铃薯面条富含蛋白质，必需氨基酸含量丰富，可与牛奶、鸡蛋蛋白相媲美，易于消化吸收；维生素、膳食纤维和矿物质（钾、磷、钙等）含量较高，营养均衡，老少皆宜，是一种营养、安全、新型的健康主食。

3. 为什么马铃薯面条熟化难

　　熟化是面条制作过程中的重要一环。单从字面上来理解，熟化即自然成熟，也就是借助时间的推移来改善产品品质的过程。按熟化方式来分，可分为静态熟化和动态熟化。静态熟化也就是和面后让面团静置一段时间，根据工艺不同，静置的次数和时间也不尽相同，由数十分钟到数小时不等。动态熟化是以低速搅拌代替静置，原则上在防止面团结块的前提下，搅拌速度越低越好。

那么，面条加工过程中为什么必须进行熟化呢？如果不进行面团熟化，在和面后直接加工面条，由于面筋蛋白吸水膨胀不充分、面团受到机械碰撞而产生应力作用，使得面团内部结构不稳定、面条容易变形。而面团经过熟化后，水分最大限度地渗透到面筋蛋白胶粒内部，使之充分吸水膨胀，进一步形成面筋网络结构。熟化也有利于消除面团内应力，使面团内部结构趋于稳定。熟化还可促进蛋白质和淀粉间水分调节，有利于面筋均质化。同时，熟化可对下道复合压片工序起到均匀喂料的作用。

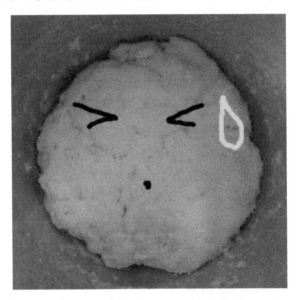

熟化难是马铃薯面条加工过程面临的技术难题之一。马铃薯面条中富含马铃薯蛋白、维生素、膳食纤维和矿物质等多种营养成分，而面筋蛋白相对不足，其分子间相互作用、吸水膨胀也会受到其他成分的影响。与此同时，马铃薯淀粉和小麦淀粉的晶形不同，而结晶性质及结晶度大小直接影响着淀粉的加工及应用性能。因此，马铃薯面条与普通面条所用原料的不同可能是造成马铃薯面团熟化难的主要因素。

4. 为什么马铃薯面条成形难

　　面条成形，顾名思义，也就是使做出的面条内部结构均匀、外观均一。而影响马铃薯面条成形的原因有很多，如加水量、和面搅拌、熟化和压延等。

　　和面时的加水量、搅拌速度与时间对面团的形成至关重要。在面条原料粉中加入水后进行搅拌，伴随着二硫键、氢键和疏水键的断裂与重新形成，以及蛋白质与淀粉之间的相互作用，从而使面筋蛋白形成网络结构，赋予面团独特的黏弹性。

关于熟化，已在上面谈到。现在来谈一下压延。压延是在熟化后进行，即将松散的面团压制成一定厚度、均匀、致密的面带的过程，直接关系到面条的品质和口感。压延有可能对面带中的蛋白质、淀粉和水产生一系列影响，并可能破坏已形成的面筋网络结构。

马铃薯面条原料粉中缺乏面筋蛋白，部分淀粉晶形和直/支淀粉比例也发生了很大改变，采用同样的加水量、搅拌速度与时间、熟化和压延工艺，所形成的面团没有稳定的面筋网络结构，而所形成面筋网络结构也容易在机械作用下被破坏，从而无法形成结构稳定、均一的面带，更谈不上结构均匀、外观均一的马铃薯面条了。

5. 为什么马铃薯面条易断条、浑汤

断条，即在沸水烹煮过程中面条断裂的条数。面条的断条数目越多，则耐煮性越差，断条率越高。浑汤，也就是在面条煮制过程中面条烹饪损失较大时，汤也会变得黏稠。因此，烹煮时断条率低和不浑汤是衡量面条品质好坏的手段之一。

　　在煮制马铃薯面条的过程中，面条在高温的作用下表面淀粉就容易糊化而变黏，而马铃薯面条本身的面筋网络结构又较弱，从而导致面条断裂，并出现浑汤现象。

6. 马铃薯面条是怎么加工的

配合科学配方和精湛工艺，马铃薯面条同时可以实现家庭烹调及产业化大规模生产。不同食用成分，如植物蛋白、淀粉和食品胶，可添加到低面筋蛋白含量的马铃薯面条原料粉中，配合科学筛选的马铃薯全粉和小麦粉，制成马铃薯面条加工专用粉，从而对面条结构、品质、口感和消费者可接受性产生积极影响。在马铃薯面条加工过程中，所采用的生产工艺也与普通小麦面条不大相同。通过加水量、和面搅拌（速度、时间）、面团熟化（方式、温度、时间）和压延（温度、压延比、时间）等的改进与创新，结合对现有装备的创制，使得马铃薯面条的家庭烹调与产业化生产均成为可能。

五、马铃薯米粉

1. 马铃薯能做成米粉吗

　　一般而言，米粉是以大米为原料，经浸泡、粉碎或磨浆、糊化、成形（压条或挤丝）、优化或时效处理、梳条、干燥、冷却、切割等工序制成的条状、丝状米制品，是我国南方地区的传统美食。米粉本身味道单一，但经过不同的烹饪方式，形成了酸、辣、鲜等各种口味，且具有食用方便、质地柔韧、晶莹透明、口感爽滑等特点，现已传遍我国大江南北，深受不同地区人们的喜爱。

　　目前，随着人们生活水平的提高，蔬菜型、杂粮型、功能型等各类米粉已经走上了人们的餐桌，如胡萝卜米粉、青菜米粉、黑米粉等。但是一般来说，基于经济成本和不改变米粉制作工艺参数的考虑，上述米粉中的蔬菜、杂粮或功能性成分的含量多在10%以下。马铃薯营养丰富，被誉为"地下苹果"。因此，有必要开发马铃薯米粉加工技术，以提高马铃薯成分在米粉中的占比，最终实现马铃薯米粉的产业化生产，丰富百姓餐桌。

2. 什么是马铃薯米粉

马铃薯米粉以优质马铃薯全粉或新鲜马铃薯和小麦粉为主要原料，通过创新工艺制成，突破了马铃薯米粉成形难、优化难、干燥难等技术难题，成功研制出马铃薯成分占比为30%以上的马铃薯米粉。马铃薯米粉具有马铃薯特有的风味，同时保存了小麦的原有麦香风味，富有弹性，口感爽滑。马铃薯米粉富含蛋白质，必需氨基酸含量丰富，易于消化吸收；维生素、膳食纤维和矿物质含量较高，营养均衡、老少皆宜，是一种营养、安全、新型的健康主食。

3. 为什么马铃薯米粉成形难

米粉成形，又称压条、挤丝或榨粉，是米粉生产中最重要的工序。一般是将浸泡好的大米通过挤压机挤压成条，再经挤丝机挤成圆形的米粉。或者，将浸泡好的大米直接通过一步成形米粉机而制成米粉。

　　成形难是马铃薯米粉加工过程需要攻克的技术难题之一。马铃薯米粉成形时，会出现挤压机或一步成形机等设备易堵塞、易断条、米粉粘连成一团无法松丝等现象。马铃薯米粉中淀粉的直/支比与大米米粉不同，且马铃薯米粉原料中富含膳食纤维、矿物质等多种营养成分，造成熟化后吸水性强、黏度大等问题，从而影响了马铃薯米粉的加工。

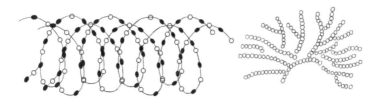

4. 为什么马铃薯米粉优化难

　　优化，又称时效处理，也就是将成形后的米粉在温湿平衡的密闭环境中静置适宜的时间，让已糊化的淀粉回生老化，从而完成米粉内部分子重排，有效增强米粉的韧性；同时，降低米粉表皮的黏度，使米粉易于松丝。

马铃薯米粉中原料成分的改变和熟化后黏度过大是造成马铃薯米粉优化难的主要原因。马铃薯米粉优化难实现，从而造成马铃薯米粉韧性低、黏度大、松丝难等问题。因此，原料配方的优化和熟化工艺的控制是解决该问题的良好途径。

5. 为什么马铃薯米粉干燥难

干燥是米粉生产的重要步骤之一，其中干燥速率主要取决于米粉内部的水分扩散速率和水分扩散系数，被去除的主要是米粉中的结合水，而干燥温度、湿度和时间等参数会明显影响米粉的干燥速率，从而影响米粉的品质。

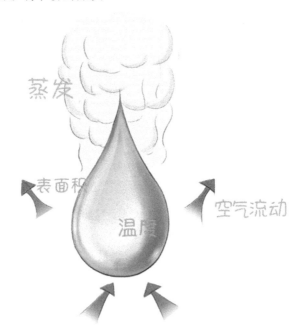

在马铃薯米粉干燥过程中，常出现米粉断条、表面开裂、色泽发暗等问题。上述问题的发生，可能的原因是：一方面马铃薯米粉原料中淀粉直/支比发生改变，而膳食纤维、矿物质等含量丰富；另一方面现有米粉干燥工艺及设备不适于马铃薯米粉的干燥。

6. 马铃薯米粉是怎么加工的

　　配合科学配方、精湛工艺和先进设备，马铃薯米粉可以实现家庭烹调及产业化大规模生产。不同食用成分，如变性淀粉和食品胶，可以添加到马铃薯米粉中，配合科学筛选的马铃薯和小麦品种，从而对米粉内部结构、外观品质及口感等产生积极作用。在马铃薯米粉加工过程中，所采用的生产工艺也与普通大米米粉有很多不同点。通过浸泡水比例、成形（熟化条件）、优化（温度、湿度、时间）和干燥（方式、温度、湿度、时间）等条件的改进与创新，结合对现有装备的创制，使得马铃薯米粉的家庭烹调与产业化生产成为可能。

六、马铃薯主食"新吃法"

除马铃薯馒头、面包、面条和米粉外，马铃薯还可以做成一系列主食产品，如马铃薯蛋糕、马铃薯馕、马铃薯发面饼、马铃薯手撕饼、马铃薯煎饼、马铃薯包子、马铃薯糖三角、马铃薯花卷、马铃薯发糕、马铃薯窝窝头、马铃薯饺子、马铃薯馄饨、马铃薯烧麦、马铃薯锅贴、马铃薯盒子、马铃薯油条、马铃薯麻团、马铃薯苏打饼干、马铃薯曲奇、马铃薯月饼、马铃薯披萨、马铃薯汉堡坯、马铃薯蛋挞等。本部分就这些马铃薯主食的制作方法进行详细介绍，以便广大马铃薯主食爱好者可以根据自己的喜好选择马铃薯新主食。

1. 马铃薯蛋糕

主料：马铃薯全粉60 g，低筋面粉140 g。
辅料：鸡蛋12个，牛奶200 mL，其他辅料。
调料：细砂糖200 g，盐2.5 g，植物油100 g。

做法：

（1）将马铃薯全粉与低筋面粉混匀，加入植物油搅拌均匀。

（2）加入一个全蛋，搅拌均匀；继续逐步加入与蛋清分离后的11个蛋黄及其他辅料，搅拌均匀。

（3）边搅拌边缓慢加入牛奶。

（4）将盐加入到11个蛋清中，用打蛋器打发至粗泡状态时，加入细砂糖打发至中性发泡，提起打蛋器有向下垂的尖锥。

（5）取1/3打发好的蛋白加入蛋黄糊内，搅拌均匀。

（6）将搅拌好的面糊倒入剩余的蛋白糊中，搅拌均匀。

（7）将面糊倒入模具内，端起模具轻微晃动几下。

（8）模具外层用锡纸包1层，放入装好冷水的烤盘中。

（9）提前预热烤箱，上火180 ℃，下火150 ℃，中下层烤25~30 min。

（10）烤好后的蛋糕从烤箱里取出来，立即倒扣在冷却架上直到冷却。

（11）脱模后切块，即可食用。

2. 马铃薯馕

主料：马铃薯全粉60 g，面粉140 g。

辅料：酵母2.5 g，鸡蛋12 g，水140 g，白芝麻6 g，其他辅料。

调料：细砂糖12 g，盐2.5 g，植物油12 g，椒盐2.5 g。

做法：

（1）将马铃薯全粉和面粉混合均匀，加入酵母、水、细砂糖、盐、植物油和其他辅料，揉成光滑的面团。

（2）盖上盖子或保鲜膜，在25~30 ℃环境中静置20 min左右进行醒发，取出面团擀成中间薄四周略厚的烤馕面坯。

（3）将烤馕面坯放入模具，用馕针均匀地扎眼（注意：一定要插穿，在烤的过程中才不会鼓起）。

（4）在烤馕面坯上刷上少许清水，撒上适量的白芝麻，并用手按一按，以保证芝麻不会脱落。

（5）盖上保鲜膜，室温醒置8 min后，表面刷上全蛋液，撒上椒盐。

（6）放入预热好的烤箱，上下火200 ℃，中层烤12~15 min，上色满意后出炉，即可食用。

3. 马铃薯发面饼

主料：马铃薯全粉90 g，面粉210 g。

辅料：酵母2 g，鸡蛋1个，水220 g，其他辅料。

调料：盐2.5 g，香油10 g，植物油12 g，椒盐2.5 g。

做法：

（1）将马铃薯全粉和面粉混合均匀，将酵母、水和其他辅料加入到上述混合粉中，用手揉光。

（2）盖上盖子、保鲜膜或湿布，在25~30 ℃环境中发酵2 h左右。

（3）将面团取出，在案板上撒少许干面粉，揉至表面光滑，将面团上下撒干粉。

（4）将其擀成长方形的薄饼，同时将香油、盐和椒盐混匀形成油料，用小刷子在面饼上面均匀涂上一层油料。

（5）涂好后，自薄饼底端开始，将饼卷起。

（6）将卷好后的饼盘起，用擀面杖将其擀成和平底锅/电饼铛一般大小，表面刷一层蛋黄液。

（7）用平底锅/电饼铛将饼烙至表面金黄，即可食用。

4. 马铃薯手撕饼

主料：马铃薯全粉60 g，面粉120 g。

辅料：水130 g，其他辅料。

调料：植物油60 g，黑胡椒1 g，盐2 g。

做法：

（1）将马铃薯全粉、面粉、盐、黑胡椒和其他辅料混合均匀，加入水后，揉成光滑的面团，备用。

（2）将面团擀成厚薄均匀的薄面饼，在擀好的薄面饼上均匀抹上植物油。

（3）把薄面饼从一侧开始卷，松松地卷成长条状，并均匀地切成两条。

（4）把切开的面饼的切面朝上，从一侧卷成圆饼状，面饼尾部收口处放在卷饼下边。

（5）在案板撒上适量面粉，把刚卷好的饼坯按扁，擀成厚薄均匀的薄饼坯。

（6）在平底锅中加入植物油，加热后放入薄饼坯，并在薄饼坯上刷一层油，中小火烙至两面金黄，即可出锅食用。

当然，也可以根据个人喜好或口味，加或不加葱，或添加其他喜欢的调料。

5. 马铃薯煎饼

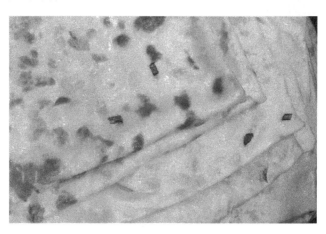

主料：马铃薯全粉90 g，面粉210 g。

辅料：细香葱10 g，鸡蛋3个，水300 g，其他辅料。

调料：植物油20 g，盐3 g。

做法：

（1）将鸡蛋打散，加入盐、马铃薯全粉、面粉、水和其他辅料，搅打至均匀分散，呈稀糊状。

（2）将细香葱切成葱花，加入到稀糊中，并搅拌均匀。

（3）在平底锅内加入少许植物油，烧热后，加入拌好的稀糊。

（4）小火煎至一面为淡黄色，再翻转煎另一面至淡黄色后，即可出锅食用。

6. 马铃薯包子

主料：马铃薯全粉210 g，面粉490 g。

辅料：酵母3.5 g，大葱600 g，牛肉400 g，鸡蛋3个，新鲜马铃薯3个，水500 g，其他辅料。

调料：植物油50 g，香油30 g，盐8 g。

做法：

（1）把大葱洗净切碎，将牛肉剁成馅儿，将新鲜马铃薯切成丁。

（2）将肉馅、葱碎和马铃薯丁混匀，将植物油加热后倒入并混匀，随后加入香油、鸡蛋、盐，搅拌均匀，即为包子馅。

（3）将马铃薯全粉和面粉混匀后，加入酵母、水、其他辅料后和成光滑的面团。

（4）盖上盖子、保鲜膜或湿布，在25~30 ℃环境中发酵2 h左右。

（5）将发酵好的面团取出，揉成长条，做成大小均匀的剂子，在包子剂上撒上一层面粉，轻轻揉圆后按扁，用小擀面杖擀成中间稍厚两边薄的包子皮。

（6）在包子皮中间放入馅料，褶捏收口，包成包子坯。

（7）蒸锅中放入凉水，稍微加热，刷上一层油，放上包子坯，盖上锅盖静置醒发15 min，然后开大火蒸30~40 min，即可食用。

7. 马铃薯糖三角

主料：马铃薯全粉75 g，面粉175 g。

辅料：酵母1.3 g，红糖80 g，黑芝麻40 g，水175 g，其他辅料。

做法：

（1）将黑芝麻不加油炒熟，将红糖、熟黑芝麻和少量面粉放入碗中，搅拌均匀即为红糖馅。

（2）将马铃薯全粉、面粉、酵母、水和其他辅料混合均匀，揉成光滑的面团，盖上盖子、保鲜膜或湿布，在25~30 ℃环境中发酵2 h左右。

（3）将发酵好的面团取出，揉成长条，做成大小均匀的面剂子，在面剂上撒上一层面粉，轻轻揉圆后按扁，用小擀面杖擀成中间稍厚两边薄的圆形面皮。

（4）在圆形面皮中间放入红糖馅，捏成三角形，并将三边捏紧。

（5）蒸锅中放入凉水，稍微加热，放上糖三角坯，盖锅盖静置醒发15 min，然后开大火蒸30~40 min，即可食用。

8. 马铃薯花卷

主料：马铃薯全粉150 g，面粉350 g。

辅料：酵母粉2.5 g，水350 g，其他辅料。

调料：植物油30 g，盐5 g，十三香2 g，椒盐1 g。

做法：

（1）将马铃薯全粉、面粉、酵母粉、其他辅料混合均匀，加水后揉成光滑的面团。

（2）盖上盖子、保鲜膜或湿布，在25~30 ℃环境中发酵2 h左右。

（3）将面团取出，分成三块小面团，取其中一个，用擀面杖擀成薄面皮儿，撒匀盐、十三香、椒盐。

（4）刷一层植物油，卷成长卷。

（5）将面卷切成均匀一致的面段，长约8 cm。

（6）每两小段叠放在一起，用筷子从中间向下压成花卷坯子。

（7）蒸锅中放入凉水，稍微加热，刷上一层油，放上花卷坯子，盖锅盖静置醒发15 min，然后开大火蒸30~40 min，即可食用。

9. 马铃薯发糕

主料：马铃薯全粉150 g，面粉350 g。

辅料：酵母粉3 g，牛奶200 mL，红枣60 g，水300 g，其他辅料。

调料：细砂糖10 g。

做法：

（1）将面粉和酵母粉混匀。

（2）向马铃薯全粉中加入细砂糖、牛奶、水和其他辅料后搅拌成均匀的糊状。

（3）将马铃薯全粉糊倒入面粉和酵母粉的混合粉中，搅拌均匀。

（4）盖上盖子、保鲜膜或湿布，在25~30 ℃环境中发酵2 h左右。

（5）蒸锅中放入凉水，稍微加热后，将发好的面团放入模具或蒸屉中，将洗好沥干后的红枣均匀地挤在发糕上面，并稍微整下形状，盖锅盖静置醒发15~30 min。

（6）醒发后，大火蒸30~40 min，即可出锅，切块后食用。

10. 马铃薯窝窝头

主料：马铃薯全粉90 g，玉米粉210 g。

辅料：鸡蛋1个，水300 g，其他辅料。

做法：

（1）将马铃薯全粉、玉米粉、鸡蛋与其他辅料混匀，将水烧开后倒入混合粉中并搅拌均匀。

（2）静置20 min，让马铃薯全粉、玉米粉及其他辅料与水充分融合。

（3）取适量的面团于手中，搓成塔形，用大拇指在面团底部按一个窝，并使四周厚薄均匀，即为窝窝头坯子。

（4）蒸锅中放入凉水，刷上一层油，放上窝窝头坯子，然后开大火蒸30~40 min，即可食用。

11. 马铃薯饺子

主料：马铃薯全粉210 g，面粉490 g。

辅料：大葱600 g，牛肉400 g，鸡蛋3个，水500 g，其他辅料。

调料：植物油50 g，香油30 g，盐8 g。

做法：

（1）把大葱洗净切碎，将牛肉剁成馅儿。

（2）将肉馅和葱碎混匀，将植物油加热后倒入并混匀，随后加入香油、鸡蛋、盐，搅拌均匀，即为饺子馅。

（3）将马铃薯全粉、面粉、其他辅料混匀后，加入水后和成光滑的面团，盖上湿布醒20 min左右。

（4）在案板上撒上一层面粉，把醒好的面团揉成长条，做成饺子剂，在饺子剂上撒上一层面粉，轻轻揉圆后按扁，用小擀面杖擀成中间稍厚两边薄的饺子皮。

（5）在饺子皮上放入馅料，将口捏紧成饺子形状。

（6）锅里放入清水烧开，慢慢将饺子下到锅里，以免热水溅出，同时用勺子在锅边慢慢推转，避免饺子粘连破裂。

（7）饺子浮起时，加凉水稍许，待饺子重新浮起时，重新加凉水两到三次，见饺子皮鼓起时即可捞出装盘。

12. 马铃薯馄饨

主料：马铃薯全粉60 g，面粉140 g。

辅料：牛肉80 g，洋葱80 g，新鲜马铃薯半个，紫菜50 g，香菜10 g，水160 g，其他辅料。

调料：植物油10 g，盐2 g，香油少许。

做法：

（1）把洋葱洗净切成末，将新鲜马铃薯切成小丁，将牛肉剁成馅儿。

（2）将肉馅、洋葱末和马铃薯丁混匀，将植物油加热后倒入并混匀，随后加入盐，搅拌均匀，即为馄饨馅。

（3）将马铃薯全粉、面粉、其他辅料混匀后，加入水后和成光滑的面团，盖上湿布醒20 min左右。

（4）在案板上撒上一层面粉，把醒好的面团擀成薄面皮，用刀将面皮均匀切成条状。

（5）将长条状面皮叠放在一起，用刀切成大小均匀的正方形，即为馄饨皮。

（6）取一个馄饨皮，中间放上做好的馄饨馅，从正方形的一边卷起，用手指点一下清水抹在准备捏起来的地方，捏住两边，交叉叠后按紧，即为包好的馄饨。

（7）锅里放入清水烧开，慢慢将馄饨下到锅里，以免热水溅出，同时用勺子在锅边慢慢推转，避免馄饨粘连破裂。

（8）馄饨浮起时，加凉水稍许，待馄饨重新浮起时，再加一次凉水，同时加入紫菜、香菜等稍煮，开锅后，滴几滴香油，即可盛出食用。

13. 马铃薯烧麦

主料：马铃薯全粉60 g，面粉140 g。

辅料：糯米100 g，牛肉80 g，香菇40 g，黑木耳40 g，新鲜马铃薯40 g，水160 g，其他辅料。

调料：植物油20 g，盐2 g，香油少许。

做法：

（1）将糯米提前浸泡8~12 h，在蒸锅内大火蒸熟。

（2）将牛肉剁成肉馅儿，香菇和黑木耳泡发后切成小丁，新鲜马铃薯洗净、去皮后切丁。

（3）在炒锅内加入少许植物油，放入牛肉馅、香菇丁、黑木耳丁和马铃薯丁后翻炒均匀，倒入煮熟的糯米饭拌匀，加入盐、香油调味，即为烧麦馅。

（4）将马铃薯全粉、面粉、其他辅料混匀后，加入水后和成光滑的面团，盖上湿布醒20 min左右。

（5）在案板上撒上一层面粉，把醒好的面团揉成长条，做成大小均匀的面剂，在面剂上撒上一层面粉，轻轻揉圆后按扁，用小擀面杖擀成中间稍厚两边薄的烧麦皮。

（6）取一个烧麦皮，中间放上做好的馅儿料，利用虎口处将馅料包起来，露出部分馅料，呈花开状，即为烧麦坯。

（7）蒸锅中的水烧开后，放上烧麦坯，然后开大火蒸20~30 min，待面皮变得透明后，即可开锅食用。

14. 马铃薯锅贴

主料：马铃薯全粉60 g，面粉140 g。

辅料：牛肉80 g，大白菜50 g，新鲜马铃薯半个，水160 g，其他辅料。

调料：植物油20 g，盐2 g，香油、醋、酱油、胡椒粉、料酒等少许。

做法：

（1）把白菜洗净切成末，将新鲜马铃薯切成小丁，将牛肉剁成馅儿。

（2）将肉馅、白菜末和马铃薯丁混匀，加入盐、香油、醋、酱油、胡椒粉、料酒等，适当加些水，搅拌均匀，即为锅贴馅。

（3）将马铃薯全粉、面粉、其他辅料混匀后，加入水后和成光滑的面团，盖上湿布醒20 min左右。

（4）在案板上撒上一层面粉，把醒好的面团揉成长条，做成大小均匀的面剂子，在面剂子上撒上一层面粉，轻轻揉圆后按扁，用小擀面杖擀成中间稍厚两边薄的锅贴面皮。

（5）在锅贴面皮上放入馅料，对角捏上，两边不封口。

（6）在平底锅内加入少许植物油，烧热后，放入锅贴，小火煎出淡黄色的底。

（7）加入少许清水，盖上锅盖，见底部水分蒸发后继续添加少许，直至锅贴煎熟即可。

15. 马铃薯盒子

主料：马铃薯全粉90 g，面粉210 g。

辅料：韭菜或大白菜150 g，鸡蛋2个，水240 g，其他辅料。

调料：植物油30 g，盐2 g，香油少许。

做法：

（1）把韭菜或白菜洗净切碎，备用。

（2）将鸡蛋炒成蛋花碎，加入韭菜或白菜碎、盐和香油后，搅拌均匀。

（3）将马铃薯全粉、面粉、其他辅料混匀后，取出一半混合粉加开水搅拌均匀，加入剩下的另一半混合粉后，加适量凉水和成光滑的面团，然后盖上湿布醒20 min左右。

（4）在案板上撒上一层面粉，把醒好的面团揉成长条，做成大小均匀的面剂子，在面剂子上撒上一层面粉，轻轻揉圆后按扁，用小擀面杖擀成中间稍厚两边薄的面皮。

（5）在面皮上放入适量的馅料，对盒捏紧，并捏出花边。

（6）在平底锅内加入少许植物油，烧热后，放入马铃薯盒子，小火煎至两面为金黄色，即可出锅食用。

16. 马铃薯油条

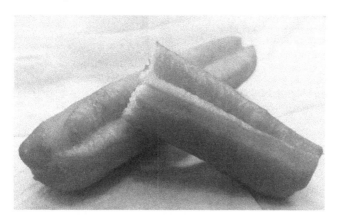

主料：马铃薯全粉60 g，面粉140 g。

辅料：酵母粉4 g，牛奶150 g，水150 g，其他辅料。

调料：细砂糖15 g，盐2 g，小苏打2 g。

做法：

（1）将酵母粉加放到牛奶中，拌匀。

（2）将细砂糖、马铃薯全粉、面粉、其他辅料混合均匀。

（3）在上述混合粉中缓缓加入牛奶并搅拌，搅拌均匀后用手揉成光滑的面团。

（4）盖上盖子、保鲜膜或湿布，在25~30 ℃环境中发酵2 h左右。

（5）在小苏打中加少量水，搅拌均匀。

（6）将小苏打水慢慢加入并揉至面团中，反复揉致使其分布均匀。

（7）重新盖上盖子、保鲜膜或湿布，在25~30 ℃环境中醒发至面团两倍大。

（8）在案板、刀上刷上油，将面团在案板上擀宽约6 cm的长条，再切成约2 cm的小条。

（9）两根小条叠在一起，压扁，并用筷子在中间压一下，即为油条坯子。

（10）将锅内放入植物油，加热至七成熟时，将油条坯子扭转数下放入锅内，用筷子不停翻转，至油条外表呈金黄色，捞出沥油即可食用。

17. 马铃薯麻团

主料：马铃薯全粉60 g，面粉140 g，糯米粉100 g。

辅料：红糖馅150 g（制作方法参照马铃薯糖三角中的红糖馅，

也可采用莲蓉馅、豆沙馅等，可自己制作也可直接购买），植物油200 g，白砂糖40 g，白芝麻50 g，水220 g，其他辅料。

做法：

（1）将马铃薯全粉、面粉、糯米粉、其他辅料搅拌均匀，备用。

（2）把水烧开，将白砂糖倒入水中，搅拌使其完全溶解。

（3）将沸糖水加到上述混合粉中，搅拌均匀后，揉成光滑的面团。

（4）将面团和馅料平均分成等份数，在分好的面剂上撒上一层面粉，轻轻揉圆后按扁，用小擀面杖擀成中间稍厚两边薄的圆形面皮。

（5）在圆形面皮中间放入红糖馅、莲蓉馅或豆沙馅等，收口捏紧，双手搓成圆球状。

（6）将做好的圆球状面团依次蘸点水，放在芝麻盘中，使表面均匀地蘸满白芝麻，用手轻拍，使其黏紧。

（7）将锅内放入植物油，放入麻团，开小火慢慢加热，待麻团完全浮起，且表面呈金黄色时，捞出沥油即可食用。

18. 马铃薯苏打饼干

主料：马铃薯全粉60 g，面粉140 g。

辅料：玉米淀粉50 g，牛奶140 g，细香葱10 g，其他辅料。

调料：植物油50 g，酵母粉5 g，小苏打1.5 g，盐3 g。

做法：

（1）将牛奶稍微加热，以感觉温温的为宜，加入酵母粉搅拌均匀。

（2）将马铃薯全粉、面粉、玉米淀粉、小苏打、盐、其他辅料搅拌均匀，将细香葱切成末，连同植物油一起加入牛奶中，搅拌均匀，并揉制成光滑的面团。

（3）盖上盖子、保鲜膜或湿布，在25~30 ℃环境中发酵1~2 h。

（4）将发酵好的面团取出，擀成厚薄均匀的薄饼，用叉子均匀地扎满细孔。

（5）用刀切成大小一致的长方形，或用模具刻出圆形等自己想要的图案。

（6）放进预热好的烤箱中，上下火，烤制10~15 min后，即可取出，冷却后食用。

19. 马铃薯曲奇

主料：马铃薯全粉60 g，面粉140 g。

辅料：鸡蛋1个，黄油200 g，蔓越莓、玫瑰花或橙皮2 g，其他辅料。

调料：细砂糖6 g，盐3 g。

做法：

（1）将黄油切成小块后，加入细砂糖和盐搅拌均匀。

（2）将蔓越莓、玫瑰花或橙皮切成小碎丁备用。

（3）将马铃薯全粉、面粉、其他辅料加入到黄油中混合均匀，然后加入鸡蛋、蔓越莓、玫瑰花或橙皮小碎丁搅拌均匀，揉成光滑面团。

（4）将上述光滑面团揉成长条放进冰箱冷冻4~6 h后，取出切成小块。

（5）放进预热好的烤箱中，上火170 ℃，下火170 ℃，烤制20~30 min后，即可取出，冷却后食用。

20. 马铃薯月饼

主料：马铃薯全粉100 g，低筋面粉130 g，面粉80 g。

辅料：马铃薯泥20 g，核桃35 g，葵花籽35 g，花生仁35 g，大杏仁35 g，黑芝麻30 g，糯米粉50 g，果脯20 g，水150 g，其他辅料。

调料：植物油50 g，绵白糖20 g，白砂糖150 g，黄油80 g。

做法：

（1）将核桃、葵花籽、花生仁、大杏仁、黑芝麻烤熟、压碎成颗粒状后装入盆中，将果脯切碎、加入后，拌匀。

（2）加入马铃薯泥、白砂糖、盐、植物油和一定量的水，混合均匀。

（3）将面粉、糯米粉分别炒熟，趁热倒在前面混合好的馅料上，并立即搅拌均匀，盖上保鲜膜静置30 min后，分成等份并搓成小球，即为五仁馅。

（4）油皮材料：马铃薯全粉50 g、低筋面粉100 g、黄油40 g、绵白糖20 g、适量水。将上述材料搅拌均匀、揉成光滑面团，放入保鲜袋中后，于冰箱中4 ℃下冷藏30 min。

（5）油酥材料：马铃薯全粉50 g、低筋面粉30 g、黄油40 g、其他辅料若干。将上述材料混合均匀，放入保鲜袋后，于冰箱中4 ℃下冷藏30 min。冷藏后，将松弛好的油皮面团和油酥面团分别等分，并搓成圆球。

（6）取一份油皮面团按扁成小圆饼，将一份油酥面团放在中间，包实捏紧，将收口朝下，即为饼皮面团。将所有饼皮面团做好后，盖上保鲜膜，于冰箱中4 ℃下冷藏10 min。

（7）取出饼皮面团擀成长方形，折成三折，再擀开，再折三折，擀薄后自上而下卷起，并用手压扁，然后擀成中间稍厚，四边稍薄的饼皮。

（8）取一份饼皮包入一份五仁馅，收口捏紧，朝下，用手搓成圆形，稍按扁平后制成月饼生坯。

（9）将烤箱预热，将月饼生坯放在烤盘中，开上下火180 ℃，12 min后翻面，继续烤制12 min，即可取出，冷却后食用。

21. 马铃薯披萨

主料：马铃薯全粉45 g，高筋面粉105 g。

辅料：新鲜马铃薯1个，培根4片，酵母粉2 g，鸡蛋1个，洋葱半个，新鲜玉米粒10 g，新鲜豌豆粒10 g，水110 g，其他辅料。

调料：橄榄油20 g，黑胡椒粉4 g，奶酪150 g，盐3 g。

做法：

（1）将马铃薯全粉、高筋面粉、盐、酵母粉、其他辅料混合均匀，将鸡蛋打散加入，然后依次加入橄榄油和水，和成光滑的面团。

（2）盖上盖子、保鲜膜或湿布，在25~30 ℃环境中发酵1~2 h。

（3）将面团取出，在案板上撒少许干面粉，揉至表面光滑，将面团上下撒干粉。

（4）将面团在案板上擀成圆饼状，用手推出周边较厚中间较薄的饼状，并用叉子在饼底均匀地戳眼。

（5）在等待面团发酵时，是准备馅料的最好时机。首先将马铃薯洗净、去皮、切成薄片，漂烫至八成熟，捞出后沥干水分，加入少许黑胡椒和盐，拌匀调味。

（6）将玉米粒和豌豆粒在沸水中漂烫至八成熟。

（7）用平底锅，不需加油，用小火将培根煎制表面金黄，切成薄片。

（8）将洋葱、奶酪切成细丝。

（9）将烤箱预热，在烤盘上抹上一层橄榄油，放入做好的披萨饼坯，均匀撒上一些奶酪丝，烤5 min左右取出。

（10）在烤过的披萨饼坯上交替摆上土豆片、培根片，依次均匀撒上洋葱丝、黑胡椒粉、豌豆粒、玉米粒和剩余的奶酪丝。

（11）再次入烤箱，焙烤10 min左右，至奶酪融化，香味溢出即可。

22. 马铃薯汉堡坯

主料：马铃薯全粉60 g，高筋面粉140 g。

辅料：鸡蛋1个，酵母3 g，白芝麻10 g，水140 g，其他辅料。

调料：黄油15 g，盐2 g。

做法：

（1）将马铃薯全粉、高筋面粉、其他辅料混合均匀，加入鸡蛋、酵母、水、黄油和盐后搅拌均匀，揉成光滑的面团。

（2）盖上盖子或保鲜膜，在25~30 ℃环境中发酵90~120 min。

（3）将发酵好的面团揉制3~5 min，使其内部结构均匀，并分成大小一致的面剂，并揉成圆形面坯，在表面喷点水，蘸上白芝麻。

（4）盖上盖子，在25~30 ℃环境中醒发20~30 min。

（5）放入预热好的烤箱，上火180 ℃，下火160 ℃，焙烤

20 min左右，中间得转一次烤盘，至表面成淡黄色，即可取出，待稍冷却后即可食用。

23. 马铃薯蛋挞

主料：马铃薯全粉50 g，低筋面粉50 g，高筋面粉80 g。

辅料：新鲜马铃薯1个，牛奶100 g，鸡蛋黄2个，奶油140 g，水125g，其他辅料。

调料：黄油150 g，绵白糖35 g，盐2 g。

做法：

（1）将马铃薯全粉、低筋面粉、高筋面粉、其他辅料混合均匀，加一小块黄油搅拌均匀，加入水后揉成光滑的面团。

（2）盖上盖子或保鲜膜，在冰箱中冷藏60 min左右。

（3）将剩余的黄油在室温下软化，装入保鲜袋中擀成长方形，放在冰箱中冷藏30 min。

（4）将冷藏好的面团和黄油取出，把面团擀成长方形的薄饼（比黄油稍大即可），用薄面饼将黄油包住，用手压一下，将接口处压紧，慢慢擀成长方形。折叠后，装入保鲜袋内冷藏30 min后取出，再慢慢擀成长方形，重复折叠、冷藏与擀制6~10次。

（5）将擀成长方形的面饼卷起，搓成长条，切分成大小一致的面剂，然后捏成薄薄的小圆饼，将小圆饼放入蛋挞底托里面，压实即为蛋挞皮。

（6）将新鲜马铃薯洗净、去皮、蒸熟后，切成丁，放到蛋挞皮里。

（7）将牛奶、奶油、绵白糖放在奶锅中小火加热，并不断搅拌，至白糖全部溶化后关火，放凉。

（8）将蛋黄加少许面粉混匀，并用筛子过滤后，加入蛋挞皮中。

（9）放进预热好的烤箱中，上火190 ℃，下火160 ℃，烤制20 min后，即可取出，冷却后食用。

七、地方特色马铃薯美食

马铃薯在我国已经有400多年的栽培历史，各地人民根据不同的饮食习惯将马铃薯加工成不同形式的美食产品。本部分就各地传统马铃薯美食的制作方法进行详细介绍，以便广大马铃薯主食爱好者可以在家享受各地传统马铃薯美食。

1. 炒傀儡（kuǐ lěi，张家口）

主料：新鲜马铃薯（土豆）200 g，莜面200 g。

辅料：其他辅料。

调料：盐、胡麻油、细香葱等适量。

做法：

（1）将马铃薯洗净，煮熟后去皮，捣成马铃薯泥。

（2）放入莜面、盐、其他辅料，快速搅拌成一个个的小颗粒，即为做好的傀儡。

（3）傀儡倒入炒锅中，开火，慢慢煸，并注意用铲子进行翻转。

（4）傀儡变成淡黄色后，将傀儡铲到锅的四周，中间留出一些空间，倒入胡麻油。

（5）将细香葱切碎，油热后放入葱碎爆香。

（6）开始翻炒，待傀儡变为金黄色后，即可出锅食用。

2. 土豆莜面窝窝（张家口）

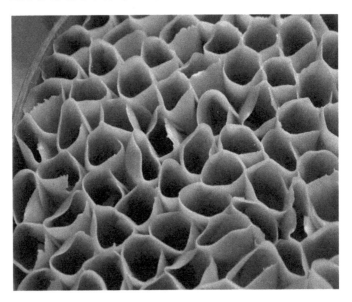

主料：新鲜马铃薯（土豆）200 g，莜面200 g。

辅料：其他辅料。

调料：胡麻油、水等适量。

做法：

（1）将马铃薯洗净，煮熟后去皮，捣成马铃薯泥。

（2）将热开水倒入莜面中，边加水边搅拌，然后加入马铃薯泥及其他辅料，再揉成光滑的面团。

（3）在案板或刀背上抹一点胡麻油，取一小块面团，用手搓成牛舌形或用擀面杖擀成类似形状。

（4）揪起面片经卷搓形成小卷卷，依次搓好，放入蒸笼或盘子里。

（5）将蒸锅中放入开水，蒸制3~5 min即可食用。

3. 土豆莜面鱼儿（张家口）

主料：新鲜马铃薯（土豆）200 g，莜面200 g。

辅料：水适量，其他辅料。

做法：

（1）将马铃薯洗净，去皮后切片，蒸熟或煮熟。

（2）把蒸熟或煮熟的马铃薯片捣成泥。

（3）将热开水倒入莜面中，边加水边搅拌，然后加入马铃薯泥和其他辅料，再揉成光滑的面团，反复揉搓或用擀面杖反复擀，使形成的面团很筋道。

（4）把面团分成均匀一致的小面团，用手搓成两头尖、中间粗的鱼儿状，即为土豆莜面鱼儿。

（5）把搓好的土豆莜面鱼儿放入蒸锅或蒸盘中，将蒸锅中放入开水，蒸制5~6 min即可食用。

4. 家常土豆饼（张家口）

主料：新鲜马铃薯（土豆）200 g，莜面100 g。

辅料：水，其他辅料。

调料：胡麻油、盐等适量。

做法：

（1）将马铃薯洗净，去皮后切片，蒸熟或煮熟。

（2）把蒸熟或煮熟的马铃薯片捣成泥。

（3）将热开水倒入莜面中，边加水边搅拌，然后加入马铃薯泥、盐、其他辅料，搅拌均匀成糊状。

（4）平底锅中倒入少许胡麻油，待油热后，用勺子取一勺制作好的糊，摊成圆饼状，双面烙成金黄色即可出锅食用。

5. 水煮洋芋片（甘肃）

主料：新鲜马铃薯（土豆）500 g。

辅料：其他辅料。

调料：植物油、辣椒粉、八角、桂皮、花椒、小茴香、盐等适量。

做法：

（1）将马铃薯洗净，去皮后切成薄片，浸泡在水中，备用。

（2）将锅中放上适量水烧开，将马铃薯片置于锅中煮2~5 min，并不断搅拌，即可盛入碗中。

（3）将锅里倒入植物油加热后，放入辣椒粉、八角、桂皮、花椒、小茴香、盐等，炸出调料的香味后关火。

（4）将其他辅料加入做好的调料中，搅拌均匀后即为酱料。

（5）将准备好的酱料均匀地倒在马铃薯片上搅拌均匀，即可食用。

6. 洋芋搅团（甘肃）

主料：新鲜马铃薯（土豆）500 g。

辅料：其他辅料。

调料：油泼辣椒、油泼蒜、醋等适量。

做法：

（1）将马铃薯煮熟、去皮、放凉。

（2）置于木槽中，用木槌用力捶捣成黏团状，直至其色泽光亮微黄为止。

（3）可根据口味调入油泼辣椒、油泼蒜、醋、其他辅料等，即可食用。

7. 炸洋芋片（甘肃）

主料：新鲜马铃薯（土豆）500 g。

辅料：其他辅料。

调料：植物油适量，盐、孜然粉、辣椒粉等适量。

做法：

（1）将马铃薯洗净，去皮后切成薄片，备用。

（2）将锅里倒入植物油加热后，放入马铃薯片油炸，并不停翻动以保证油炸均匀，待油炸至马铃薯片为金黄色时，捞出。

（3）洒上适量的盐、孜然粉、辣椒粉、其他辅料等，搅拌均匀即可食用。

8. 烤洋芋（甘肃、陕西）

主料：新鲜马铃薯（土豆）500 g。

做法：

（1）传统烤洋芋：选择一个土质较硬而干燥的空地，掏出一个简易的洞作为灶台。在灶台上方垒起一个中空的锥形土堆，燃起柴火使锥形土堆中的土块烧红。此时，将马铃薯放入灶膛内，敲碎锥形土堆的土块并堵上洞口，1 h后即可挖出食用。

（2）在家里烤洋芋：将马铃薯洗净后晾干或擦干，包上锡箔纸，直接用微波炉或烤箱烤制，一般10~20 min即可。

9. 洋芋糍粑（陕西商洛柞水）

主料：新鲜马铃薯（土豆）500 g。

辅料：其他辅料。

调料：油泼辣椒、醋、葱、姜、蒜等适量。

做法：

（1）将洗净的马铃薯去皮、煮熟后冷却。

（2）放入凹形容器（如石槽）中捶捣或在搅拌机中搅拌，直至很黏，可拉起来很细的丝为止，盛入碗中备用。

（3）把葱切成丁、姜和蒜切成碎末后，炒香，加水、其他辅料熬汤。

（4）把熬好的汤汁浇到盛到碗中的马铃薯泥上，并调上油泼辣椒和醋等，即可食用。

10. 洋芋馍馍、洋芋疙蛋蛋、黑愣愣（陕西榆林绥德）

主料：新鲜马铃薯（土豆）500 g，面粉50 g。

辅料：其他辅料。

做法：

（1）将洗净的马铃薯去皮，用菜擦子将马铃薯擦成碎末，用水洗后过滤，反复3次，用纱布将其中多余的水分挤出。

（2）加入面粉、其他辅料揉制成团，并均匀分成10 g左右大小的面团，揉成小丸子形状，并依次放入蒸笼里。

（3）将蒸锅中放入开水，蒸制约20 min即可食用。

（4）在蒸制过程中，可以根据个人喜好和口味制备蘸料。

11. 洋芋煎饼（陕西）

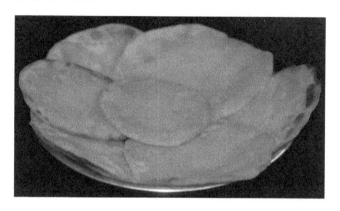

主料：新鲜马铃薯（土豆）500 g。

辅料：水，其他辅料。

调料：植物油、盐等适量。

做法：

（1）将洗净的马铃薯去皮、切片，摊平放在太阳光下晒干后，磨成粉。

（2）加入适量水、盐、其他辅料等搅拌均匀成糊状。

（3）在平底锅中加入植物油，倒入马铃薯糊，摊成均匀的薄饼，注意翻面，待两侧成均匀的焦黄色，即可出锅食用。

12. 煮洋芋（陕西）

主料：新鲜马铃薯（土豆）500 g。

辅料：咸香微辣的咸菜等。

做法：

（1）将马铃薯洗净。

（2）在铁锅中放入适量水和洗净的马铃薯，煮熟即可。

（3）配上咸香微辣的咸菜等食用。

13. 洋芋擦擦（陕西）

主料：新鲜马铃薯（土豆）300 g，面粉100 g。

辅料：鸡蛋1个，其他辅料。

调料：植物油、葱、蒜、姜、盐、花椒粉、胡椒粉、辣椒油、白芝麻等适量。

做法：

（1）将马铃薯去皮、洗净后，擦成丝，并淘洗两三次后沥干。

（2）加入鸡蛋、面粉、其他辅料后混匀，然后加入盐、花椒粉、胡椒粉等调味，并搅拌均匀。

（3）在蒸锅中倒入开水，将上述制备好的马铃薯丝蒸制15~20 min后，取出冷却。

（4）将葱切碎，蒜、姜切成末。

（5）在炒锅中放植物油，放入葱碎、姜末、蒜末等爆香，然后放入马铃薯丝翻炒，再加些盐、白芝麻、辣椒油等，即可出锅食用。

当然，也可直接将马铃薯丝拌入面粉后蒸熟，再根据自己的喜好和口味拌入调料。

14. 炕土豆（湖北恩施）

主料：新鲜马铃薯（土豆）300 g。

辅料：其他辅料。

调料：菜籽油或茶树油、葱、蒜、盐、孜然粉、黑胡椒粉、白芝麻等适量。

做法：

（1）把马铃薯洗净、削皮、切成小块，用水煮至五成熟。

（2）在平底锅中加入菜籽油或茶树油，慢慢炕，一直到土豆成金黄色。

（3）将葱、蒜切成碎末加入，再加入盐、孜然粉、黑胡椒粉、白芝麻、其他辅料等，略加翻炒，即可出锅食用。

15. 煎土豆（重庆）

主料：新鲜马铃薯（土豆）200 g。

辅料：其他辅料。

调料：植物油、酸菜、辣椒酱、细香葱等适量。

做法：

（1）将马铃薯洗净、去皮、切块后，置于清水中洗去马铃薯块表面淀粉，捞起沥干水分备用；将细香葱切碎待用。

（2）在平底锅内倒入植物油，待油烧至六至七成热时，放入马铃薯块翻炒。

（3）加入酸菜、辣椒酱、细香葱碎、其他辅料等，略加翻炒，即可出锅食用。

16. 麻辣土豆片（重庆）

主料：新鲜马铃薯（土豆）200 g。

辅料：其他辅料。

调料：植物油、椒盐、辣椒粉等适量。

做法：

（1）将马铃薯洗净、去皮、切片后，置于清水中洗去马铃薯片表面淀粉，捞起沥干水分，穿成串备用。

（2）在平底锅内倒入植物油，待油烧至六至七成热时，放入马铃薯串油炸。

（3）在马铃薯串上均匀撒上椒盐、辣椒粉、其他辅料等即可食用。

17. 狼牙土豆（重庆）

主料：新鲜马铃薯（土豆）300 g。

辅料：其他辅料。

调料：盐、花椒油、辣椒粉、花椒粉、五香粉、细香葱等适量。

做法：

（1）将马铃薯洗净、去皮、切片后，用波浪刀切分条状。

（2）在锅里倒入一定量的清水，烧开后，放入马铃薯条煮熟，捞起沥干水分。

（3）将细香葱切碎，将盐、花椒油、辣椒粉、花椒粉、五香粉、细香葱碎、其他辅料等全部加入马铃薯条中，搅拌均匀即可食用。

18. 煎洋芋坨（重庆）

主料：新鲜马铃薯（土豆）300 g。

辅料：其他辅料。

调料：植物油、盐、辣椒、细香葱等适量。

做法：

（1）把小个的马铃薯洗净、去皮、穿成串备用；细香葱切碎待用。

（2）在平底锅内倒入植物油，待油烧至六至七成热时，放入马铃薯串大火煎熟。

（3）加入盐、辣椒、细香葱碎、其他辅料等，搅拌均匀即可食用。

19. 土豆盒子（重庆）

主料：新鲜马铃薯100 g，面粉200 g。

辅料：水，其他辅料。

调料：植物油、盐、辣椒等适量。

做法：

（1）将马铃薯洗净、去皮、切成细条后，置于清水中洗去马铃薯条表面淀粉，捞起沥干水分备用。

（2）将盐、辣椒等加入马铃薯条中搅拌均匀。

（3）将面粉、其他辅料混匀后，加适量温水和成光滑的面团，然后盖上湿布醒20 min左右。

（4）在案板上撒上一层面粉，把醒好的面团揉成长条，做成大小均匀的面剂子，在面剂子上撒上一层面粉，轻轻揉圆后按扁，用小擀面杖擀成中间稍厚四边薄的面皮。

（5）在面皮上放入适量的马铃薯条，对盒捏紧成长方形。

（6）在平底锅内加入少许植物油，烧热后，放入土豆盒子，小火煎至两面为金黄色，即可出锅食用。

20. 香煎土豆丝（重庆）

主料：新鲜马铃薯300 g。

辅料：其他辅料。

调料：植物油、盐、细香葱等适量。

做法：

（1）将马铃薯洗净、去皮、切成细丝后，置于清水中洗去马铃薯条表面淀粉，捞起沥干水分备用；细香葱切碎待用。

（2）在平底锅内倒入植物油，待油烧至六至七成热时，放入马铃薯丝大火煎制。均匀撒上盐后，略微翻炒。

（3）待马铃薯丝煎制成八成熟时，将马铃薯丝推成圆形，并压紧成圆饼。

（4）中小火约2 min后，即可出锅食用。

21. 炸土豆片（重庆）

主料：新鲜马铃薯（土豆）300 g。

辅料：其他辅料。

调料：植物油、盐、尖椒等适量。

做法：

（1）将马铃薯洗净，去皮后切成薄片。将尖椒切段备用。

（2）将锅里倒入植物油加热后，放入马铃薯片油炸，并不停翻动以保证油炸均匀，待油炸至马铃薯片为金黄色时，捞出。

（3）趁热加入适量的盐、尖椒、其他辅料等，搅拌均匀即可食用。

22. 土豆泥（重庆）

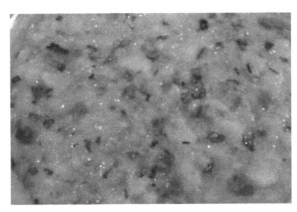

主料：新鲜马铃薯（土豆）500 g。

辅料：火腿20 g，其他辅料。

调料：植物油、盐、洋葱、青椒、胡椒粉、细香葱等适量。

做法：

（1）将马铃薯洗净、蒸熟、捣碎后制泥。

（2）将火腿、洋葱、青椒、香葱、其他辅料等切碎后备用。

（3）将锅里倒入植物油加热后，放入火腿、洋葱、青椒、其他辅料等炒香，加入少许盐后翻炒均匀。

（4）将马铃薯泥放入碗中，加入火腿、洋葱、青椒、其他辅料、胡椒粉和细香葱碎，搅拌均匀即可食用。

23. 炸洋芋片（贵州）

主料：新鲜马铃薯（土豆）300 g。

辅料：其他辅料。

调料：植物油、盐、辣椒粉、花椒粉、白芝麻等适量。

做法：

（1）把马铃薯洗净、去皮、切片备用。

（2）在平底锅内倒入植物油，待油烧至六至七成热时，放入马铃薯片。

（3）撒少许盐翻烙,使马铃薯片表面为金黄色,口感有点硬即可。

（4）趁热撒上辣椒粉、花椒粉、白芝麻、其他辅料等，搅拌均匀即可食用。

24. 炸洋芋（贵州）

主料：新鲜马铃薯（土豆）300 g。

辅料：其他辅料。

调料：植物油、辣椒、细香葱、香菜等适量。

做法：

（1）把小个马铃薯洗净、去皮备用；细香葱、香菜等切碎备用。

（2）在平底锅内倒入植物油，待油烧至六至七成热时，放入小个马铃薯油炸，待表面呈金黄色后捞出。

（3）加入辣椒、细香葱、香菜及其他辅料等搅拌均匀后，即可食用。

25. 洋芋粑（贵州）

主料：新鲜马铃薯（土豆）300 g。

辅料：其他辅料。

调料：植物油、细香葱、盐、辣椒等适量。

做法：

（1）将马铃薯蒸熟或煮熟，冷却后剥皮，捣成泥备用；将细香葱切碎备用。

（2）将马铃薯泥、盐、其他辅料等混合均匀后静置20~30 min，然后将马铃薯泥做成小圆饼形状。

（3）往平底锅放入一定的植物油，待油烧至六至七成热时，将马铃薯小圆饼煎成金黄色。

（4）将煎好的马铃薯小圆饼压扁摊开，放上葱碎后再略微煎一下，盛入盘中，佐以辣椒，即可食用。

26. 炸洋芋（云南）

主料：新鲜马铃薯（土豆）200 g。

辅料：其他辅料。

调料：植物油、什锦酱或昭通酱、腐乳、辣椒粉、香菜、细香葱等适量。

做法：

（1）将马铃薯去皮、切块，用清水冲洗去淀粉后沥干；香菜、细香葱切碎备用。

（2）在炒锅内放入植物油，待油烧至六至七成热时，放入马铃薯块，并不停翻转搅拌，炸至金黄色捞出至盘中。

（3）趁热拌入什锦酱或昭通酱、腐乳、辣椒粉、香菜、细香葱碎、其他辅料等，即可食用。

27. 老奶洋芋（云南）

主料：新鲜马铃薯（土豆）400 g。

辅料：青椒、青菜若干，其他辅料。

调料：植物油、酸菜、干辣椒、辣椒粉、葱、姜、蒜、花椒粉、孜然粉、五香粉、八角等适量。

做法：

（1）将马铃薯洗净后去皮、蒸熟，将青椒、青菜煮熟后切段，备用。

（2）将酸菜、干辣椒、葱、姜和蒜等切成碎末。

（3）将炒锅中加入植物油烧热，放入辣椒、葱、姜和蒜等的碎末后炒香，加入八角略微煸炒，加入酸菜碎等后，煸炒均匀。

（4）加入青椒、青菜等翻炒，边翻炒边用炒勺铲碎。

（5）继续加入蒸熟的马铃薯、其他辅料，边翻炒边用炒勺铲碎。

（6）加入辣椒粉、花椒粉、孜然粉、五香粉等后，继续翻炒均匀后，即可出锅食用。

28. 洋芋焖饭（云南）

主料：新鲜马铃薯（土豆）300 g，大米600 g。

辅料：火腿、青豆、胡萝卜、其他辅料适量。

调料：植物油、大料、葱、姜等适量。

做法：

（1）将马铃薯洗净、去皮、切成小丁后，用油煎至金黄备用。

（2）将火腿、胡萝卜切成小丁。将大料、葱、姜等用油炒香，并放入切好的火腿丁、胡萝卜丁、青豆稍稍煸炒，备用。

（3）将大米洗净，放入电饭煲（传统的用专门烧制的土锅，也有的用铜锅）中，加水量以没过大米为准。

（4）加入炒好的马铃薯丁、火腿丁、胡萝卜丁、青豆及其他辅料，水位基本与马铃薯丁持平，将电饭煲调到煮饭模式。

（5）饭煮好后，盛出，搅拌均匀后即可食用。

八、马铃薯主食 "未来新概念"

1. 马铃薯面团发酵 "数字化"

目前，发酵面制食品所采用的设备，一般以调节温度、湿度和时间来控制面团发酵。大家已经知道，马铃薯面团与小麦面团不同，其中的成分发生了变化，就好比建造摩天大楼时 "钢筋水泥" 结构的缺乏。在未来，马铃薯面团的发酵将实现 "数字化"，可实时监测面团的产气和持气性能，并可通过计算给出建设性的解决方案，从而达到面团发酵的最佳状态。当然，马铃薯面团发酵 "数字化"的实现，需要建立在对马铃薯面团产气和持气能力的影响因素及分子机制的基础研究上，因此还有漫长的道路要走。

2. 马铃薯馒头加工"连续化"

目前，以小麦粉为原料生产馒头、包子、月饼等主食产品已实现了全自动生产，下面是现有全自动生产线的例图。

（1）某企业生产的全自动馒头、包子生产线。

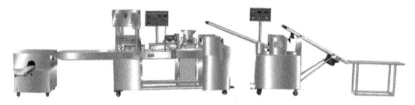

（2）某企业生产的全自动馒头、包子、月饼组合生产线。

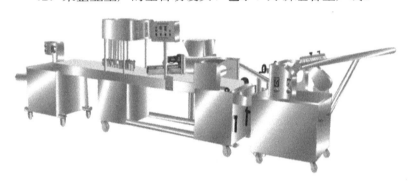

目前，采用现有设备加工马铃薯馒头时，成形、发酵等工序需要间断式进行。在不久的将来，通过对现有装备的改进，以及在现有生产线上增加新装置与新模块，从而解决马铃薯馒头成形难、发酵难、易开裂等难题，最终实现马铃薯馒头加工"连续化"。

3. 马铃薯面包加工"机械化"

目前，以小麦粉为原料生产各种面包（牛角面包、软面包、吐司面包、奶香包、卷丝面包、法式面包、汉堡包、法棍等）、蛋糕、曲奇、披萨等，已实现了机械化、全自动、连续化生产，下面是现有卷丝面包和法式面包全自动生产线的例图。

（1）某企业生产的卷丝面包全自动生产线。

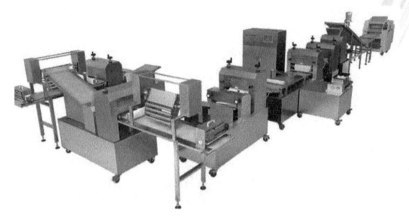

（2）某企业生产的法式面包全自动生产线。

　　目前，采用现有设备加工马铃薯面包，需要辅以手工分切、手工成形等工序。在不久的将来，通过对现有装备的改进，以及在现有生产线上增加新装置与新模块，从而解决马铃薯面包分切难、成形难、焙烤难等难题，最终实现马铃薯面包加工"机械化"。

4. 马铃薯面条加工"自动化"

　　目前，以小麦粉为原料生产面条已实现了大型流水线工业化生产。以挂面为例，挂面行业已经集成了现代食品加工的高新技术，实现了挂面加工的机械化、连续化，实现了车间封闭清洁生产，保证了产品的高品质与安全性。与此同时，中小型全自动制面机也层出不穷。

（1）某企业生产的小型全自动制面机。

（2）某企业生产的小型全自动制面机。

（3）某企业生产的中型全自动制面机，具有自动包装、智能贩卖系统等功能。

目前，采用现有设备加工马铃薯面条时，熟化、成形等工序需要间断式进行，还需要技术成熟的人员进行相关检测。在不久的将来，通过对现有装备的改进，以及在现有生产线上增加新装置与新模块，从而解决马铃薯面条熟化难、面带成形难、易断条、易浑汤等技术难题，最终实现马铃薯面条加工"自动化"。

5. 马铃薯米粉加工"标准化"

目前，以大米为原料生产米粉已实现了自动化大规模生产，中小型设备，如一步成形米粉机也层出不穷。下面是现有一步成形米粉机和米粉优化箱的例图。

（1）某企业生产的一步成形米粉机。

（2）某企业生产的优化箱。

目前，采用现有设备加工马铃薯米粉时，成形、优化、干燥等工序需要间断式进行，还需要技术成熟的人员进行相关检测。在不久的将来，通过对现有装备的改进，以及在现有生产线上增加新装置与新模块，从而解决马铃薯米粉成形难、优化难、干燥难等技术难题，最终实现马铃薯米粉加工"标准化"。

6. 马铃薯主食家庭烹调"简单化"

小麦馒头的制作几乎是每个家庭主妇都能轻而易举做到的事情，然而让她们成功做出马铃薯馒头，则成了"巧妇难为无米之炊"。目前，马铃薯系列主食专用粉的研发已取得了一些成果，包括马铃薯馒头自发粉、马铃薯面包专用粉等。我们相信，在不久的将来，大家可以从超市买到马铃薯系列主食专用粉，从而使马铃薯主食的家庭烹调变得简单。

与此同时，随着人们生活节奏的加快和工作压力的增大，手工制作主食的时间也变得寥寥无几，而人们又希望吃到安全健康、营养美味，且符合自己口味的主食。这样，以小麦粉为原料的家用电器，如家用全自动面包机、家用蛋糕机等，应运而生。

　　究竟有没有办法实现马铃薯主食的家庭自动烹调？答案是肯定的。马铃薯主食家庭烹调方法的研制一直在紧锣密鼓地进行中，包括手工方法和自动烹调，目的是使马铃薯主食家庭烹调方法变得简单、实用和快捷。在未来，人们可以从超市买来马铃薯主食专用粉，将其放入专用的小设备中，只要预先设定好各种参数，按上开关按钮，就可以吃上马铃薯主食了。

7. 马铃薯主食"3D 打印"

3D打印是快速成形技术的一种，通常是采用数字技术材料打印机——3D打印机来实现。3D打印采用实实在在的原材料，通过计算机控制把"打印材料"逐层打印、层层叠加起来，最终把计算机上的设计蓝图变成实物。目前，人们利用3D打印技术已制作出很多食品，包括糖果、巧克力、月饼、饼干、蛋糕、披萨等多种食品。我们坚信，在不久的将来，3D打印技术能根据使用者的设想制作任何形状和口味的食品，包括马铃薯主食。

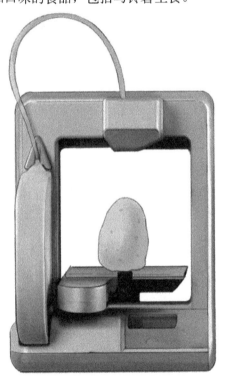

8. 马铃薯主食"智能工厂"

"智能工厂"是相对传统工厂而言，主要分为两种，一种是由传统工厂转型而成；另一种是直接创立的智能工厂，实现从大规模生产转向个性化定制，使整个生产过程更加柔性化、个性化和定制化，最终构建绿色环保、高效节能、集成创新的人性化工厂。马铃薯主食"智能工厂"，不言而喻，同样是以智能互联为基础，以消费者个性化定制为主线，实现消费者、产品、机器、生产线间的实时互联，从而使消费者在家中通过网络定制自己喜欢的马铃薯主食成为可能。

9. 互联网 + 马铃薯主食加工

在讨论互联网+马铃薯主食加工之前,不得不先谈谈"工业4.0"。"工业4.0"在2015年的中国非常火,这个概念最早由德国推出,在美国称为"工业互联网",在我国则称"中国制造2025",其本质是一致的,核心就是智能制造。"工业4.0"简单来说就是"互联网+制造"。很多人说,"工业4.0"将推动中国制造向中国创造转型,是整个中国时代性的革命。因此,互联网+马铃薯主食加工也可以说是马铃薯主食加工的"工业4.0"。

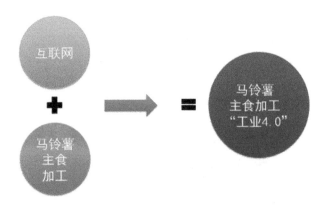

马铃薯主食加工的"工业4.0"涵盖了前面提到的3D打印和智能工厂，还包括为马铃薯主食"智能工厂"提供顶层设计、转型路径图、软硬件一体化实施的解决方案公司，以及为马铃薯主食智能加工服务的工业物联网、工业网络安全、工业大数据、云计算平台、制造企业生产过程执行管理系统等技术供应商等，从而实现马铃薯主食加工的智能化。

在不久的将来，人们可以在家通过互联网动动鼠标就能"造"出马铃薯馒头、面包、面条、米粉……还可以开动脑筋，只需动动手指，就可以通过互联网造出形状各异、口味独特、琳琅满目、色彩斑斓的马铃薯主食产品，实现马铃薯主食的智能创造和个性化私人定制。

后记之薯类加工创新团队

团队名称

薯类加工创新团队

研究方向

薯类加工与综合利用

研究内容

薯类加工适宜性评价与专用品种筛选；薯类淀粉及其衍生产品加工；薯类加工副产物综合利用；薯类功效成分提取及作用机制；薯类主食产品加工工艺及质量控制；薯类休闲食品加工工艺及质量控制；超高压技术在薯类加工中的应用。

团队首席科学家

木泰华 研究员

团队概况

研究团队现有科研人员8名，其中研究员1名，副研究员2名，助理研究员5名。本团队自2003年至2015年期间共培养博士后及研究生61人,其中博士后4名,博士研究生12名,硕士研究生45名。近年来主持或参加"863"、"十一五""十二五"国家科技支撑、国家自然科学基金、公益性农业行业科研专项、现代农业产业技术体系、科技部科研院所技术研究开发专项、科技部科技成果转化、"948"等国家级项目或课题56项。

主要研究成果

甘薯蛋白

(1)采用膜滤与酸沉相结合的技术回收甘薯淀粉加工废液中的蛋白。

(2)纯度达85%以上,提取率达83%。

(3)具有良好的物化功能特性,可作为乳化剂替代物。

(4)具有良好的保健特性,如抗氧化、抗肿瘤、降血脂等。

(5)获省部级及学会奖励3项,通过省部级科技成果鉴定及评价3项,获国家发明专利3项,出版专著3部,发表学术论文41篇,其中SCI收录20篇。

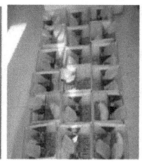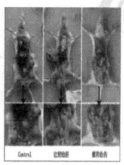

甘薯颗粒全粉

（1）是一种新型的脱水制品，可保存新鲜甘薯中丰富的营养成分。

（2）"一步热处理结合气流干燥"技术制备甘薯颗粒全粉，简化了生产工艺，有效地提高了甘薯颗粒全粉细胞的完整度。

（3）在生产过程中用水量少，废液排放量少，应用范围广泛。

（4）通过农业部科技成果鉴定1项，获得国家发明专利2项，出版专著1部，发表学术论文10篇。

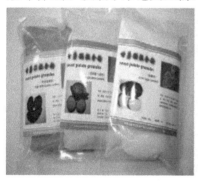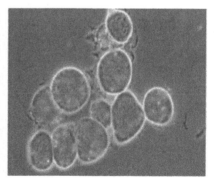

甘薯膳食纤维及果胶

（1）甘薯膳食纤维筛分技术与果胶提取技术相结合，形成了一套完整的连续化生产工艺。

（2）甘薯膳食纤维具有良好的物理化学功能特性；大型甘薯淀粉厂产生的废渣可以作为提取膳食纤维的优质原料。

（3）甘薯果胶具有良好的乳化能力和乳化稳定性；改性甘薯果

胶具有良好的抗肿瘤活性。

（4）获省部级及学会奖励 3项，通过农业部科技成果鉴定1项，获得国家授权专利3项，发表学术论文25篇，其中SCI收录9篇。

甘薯茎尖多酚

（1）主要由酚酸（绿原酸及其衍生物）和类黄酮（芦丁、槲皮素等）组成。

（2）具有抗氧化、抗动脉硬化、防治冠心病与中风等心血管疾病、抑菌、抗癌等许多生理功能。

（3）申报国家发明专利2项，发表学术论文8篇，其中SCI收录4篇。

紫甘薯花青素

（1）与葡萄、蓝莓、紫玉米等来源的花青素相比，具有较好的光热稳定性。

（2）抗氧化活性是维生素C的20倍，维生素E的50倍。

（3）具有保肝，抗高血糖、高血压，增强记忆力及抗动脉粥样硬化等生理功能。

（4）授权国家发明专利1项，发表学术论文4篇，其中SCI收录2篇。

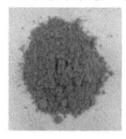

马铃薯馒头

（1）以优质马铃薯全粉和小麦粉为主要原料，采用新型降黏技术，优化搅拌、发酵工艺，使产品由外及里再由里及外的醒发等独创工艺和一次发酵技术等多项专利蒸制而成。

（2）突破了马铃薯馒头发酵难、成形难、口感硬等技术难题，成功将马铃薯粉占比提高到40%以上。

（3）马铃薯馒头具有马铃薯特有的风味，同时保存了小麦原有的麦香风味，芳香浓郁，口感松软。马铃薯馒头富含蛋白质，必需氨基酸含量丰富，可与牛奶、鸡蛋蛋白相媲美，更符合世界卫生组织（WHO）/联合国粮食及农业组织（FAO）的氨基酸推荐模式，易于消化吸收；维生素、膳食纤维和矿物质（钾、磷、钙等）含量丰富，营养均衡，抗氧化活性高于普通小麦馒头，男女老少皆宜，是一种营养保健的新型主食，市场前景广阔。

（4）目前已获得国家发明专利5项，发表相关论文3篇。

马铃薯面包

（1）马铃薯面包以优质马铃薯全粉和小麦粉为主要原料，采用新型降黏技术等多项专利、创新工艺及3D环绕立体加热焙烤而成。

（2）突破了马铃薯面包成形和发酵难、体积小、质地硬等技术难题，成功将马铃薯粉占比提高到40%以上。

（3）马铃薯面包风味独特，集马铃薯特有风味与纯正的麦香风味为一体，鲜美可口，软硬适中。

（4）目前已获得相关国家发明专利1项，发表相关论文3篇。

马铃薯焙烤系列休闲食品

（1）以马铃薯全粉及小麦粉为主要原料，通过配方优化与改良，采用先进的焙烤工艺精制而成。

（2）添加马铃薯全粉后所得马铃薯焙烤系列食品风味更浓郁、营养更丰富、食用更健康。

（3）马铃薯焙烤类系列休闲食品包括马铃薯磅蛋糕、马铃薯卡思提亚蛋糕、马铃薯冰冻曲奇以及马铃薯千层酥塔等。

（4）目前已获得相关国家发明专利4项。

成果转化

成果鉴定及评价

（1）甘薯蛋白生产技术及功能特性研究（农科果鉴字[2006]第034号），其成果鉴定水平为国际先进。

（2）甘薯淀粉加工废渣中膳食纤维果胶提取工艺及其功能特性的研究（农科果鉴字[2010]第28号），其成果鉴定水平为国际先进。

（3）甘薯颗粒全粉生产工艺和品质评价指标的研究与应用（农科果鉴字[2011]第31号），其成果鉴定水平为国际先进。

（4）变性甘薯蛋白生产工艺及其特性研究（农科果鉴字[2013]第33号），其成果鉴定水平为国际先进。

（5）甘薯淀粉生产及副产物高值化利用关键技术研究与应用（中农（评价）字[2014]第08号），其成果评价水平为国际先进。

授权专利

（1）甘薯蛋白及其生产技术，专利号：ZL200410068964.6。

（2）甘薯果胶及其制备方法，专利号：ZL200610065633.6。

（3）一种胰蛋白酶抑制剂的灭菌方法，专利号：ZL200710177342.0。

（4）一种从甘薯渣中提取果胶的新方法，专利号：ZL200810116671.9。

（5）甘薯提取物及其应用，专利号：ZL200910089215.4。

（6）一种制备甘薯全粉的方法，专利号：ZL200910077799.3。

（7）一种从薯类淀粉加工废液中提取蛋白的新方法，专利号：ZL201110190167.5。

（8）一种提取花青素的方法，专利号：ZL201310082784.2。

（9）一种提取膳食纤维的方法，专利号：ZL201310183303.7。

（10）一种制备乳清蛋白水解多肽的方法，专利号：ZL201110414551.9。

（11）一种甘薯颗粒全粉制品细胞完整度稳定性的辅助判别方法，专利号：ZL201310234758.7。

（12）甘薯Sporamin蛋白在制备预防和治疗肿瘤药物及保健品中的应用，专利号：ZL201010131741.5。

（13）一种全薯类花卷及其制备方法，专利号：ZL201410679873.X。

（14）提高无面筋蛋白面团发酵性能的改良剂、制备方法及应用，专利号：ZL201410453329.3。

（15）一种全薯类煎饼及其制备方法，专利号：ZL201410680114.6。

（16）一种马铃薯花卷及其制备方法，专利号：ZL201410679874.4。

（17）一种马铃薯渣无面筋蛋白饺子皮及其加工方法，专利号：ZL201410679864.0。

（18）一种马铃薯馒头及其制备方法，专利号：ZL201410679527.1。

（19）一种马铃薯发糕及其制备方法，专利号：ZL201410679904.1。

（20）一种马铃薯蛋糕及其制备方法，专利号：ZL201410681369.3。

（21）一种提取果胶的方法，专利号：ZL201310247157.X。

（22）改善无面筋蛋白面团发酵性能及营养特性的方法，专利号：ZL201410356339.5。

（23）一种马铃薯渣无面筋蛋白油条及其制作方法，专利号：ZL201410680265.0。

（24）一种马铃薯煎饼及其制备方法，专利号：ZL201410680253.8。

（25）一种全薯类发糕及其制备方法，专利号：ZL201410682330.3。

（26）一种马铃薯饼干及其制备方法，专利号：ZL201410679850.9。

（27）一种甘薯茎叶多酚及其制备方法，专利号：ZL201310325014.6。

（28）一种全薯类蛋糕及其制备方法，专利号：ZL201410682327.1。

（29）一种由全薯类原料制成的面包及其制备方法，专利号：ZL201410681340.5。

（30）一种全薯类无明矾油条及其制备方法发明专利，专利号：ZL201410680385.0。

（31）一种全薯类馒头及其制备方法，专利号：ZL201410680384.6。

（32）一种马铃薯膳食纤维面包及其制作方法，专利号：ZL201410679921.5。

（33）一种马铃薯渣无面筋蛋白窝窝头及其制作方法，专利号：ZL201410679902.2。

可转化项目

（1）甘薯颗粒全粉生产技术。

（2）甘薯蛋白生产技术。

（3）甘薯膳食纤维生产技术。

（4）甘薯果胶生产技术。

（5）甘薯多酚生产技术。

（6）甘薯茎叶青汁粉生产技术。

（7）紫甘薯花青素生产技术。

（8）马铃薯发酵主食及复配粉生产技术。

（9）马铃薯非发酵主食及复配粉生产技术。

（10）马铃薯饼干系列食品生产技术。

（11）马铃薯蛋糕系列食品生产技术。

联系方式

联系电话：+86-10-62815541

电子邮箱：mutaihua@126.com

联系地址：北京市海淀区圆明园西路2号中国农业科学院农产品加工研究所科研1号楼

邮编：100193

致谢

在本书完成之际，真诚感谢为本书提供地方特色马铃薯美食照片的各位同仁，感谢你们的倾情帮助，具体名单（排名不分先后）如下：

张家口美食照片提供者：张家口市燕北薯业开发有限公司，侯志臣

甘肃美食照片提供者：甘肃省农业科学院农产品储藏加工研究所，张永茂、李梅

陕西美食照片提供者：陕西科技大学，陈雪峰

湖北美食照片提供者：湖北省农业科学院农产品加工与核农技术研究所，梅新

重庆美食照片提供者：中国科学院成都生物研究所，赵海

贵州美食照片提供者：贵州省农业科学院生物技术研究所，李晓慧

云南美食照片提供者：云南农业大学，和劲松

作者简介

木泰华，男，1964年3月生，博士，博士生导师，研究员，薯类加工创新团队首席科学家，国家甘薯产业技术体系产后加工研究室岗位科学家。担任中国淀粉工业协会甘薯淀粉专业委员会会长；《淀粉与淀粉糖》编委；*Journal of Integrative Agriculture* (JIA) 编委；*Journal of Food Science and Nutrition Therapy*编委；《农产品加工》编委等职。

1998年毕业于日本东京农工大学联合农学研究科生物资源利用学科生物工学专业，获农学博士学位。1999年至2003年先后在法国蒙彼利埃（Montpellier）第二大学食品科学与生物技术研究室及荷兰Wageningen大学食品化学研究室从事科研工作。2003年9月回国，组建了薯类加工团队。现有科研人员8名，其中研究员1名，副研究员2名，助理研究员5名。本团队2003年至2015年期间共培养博士后及研究生61人，其中博士后4名，博士研究生12名，硕士研究生45名。近年来主持或参加"863"、"十一五""十二五"国家科技支撑、国家自然科学基金、公益性农业行业科研专项、现代农业产业技术体系、科技部科研院所技术研究开发专项、科技部科技成果转化、"948"等国家级项目或课题56项。

主要研究领域：薯类加工适宜性评价与专用品种筛选；薯类淀粉及其衍生产品加工；薯类加工副产物综合利用；薯类功效成分提取及作用机制；薯类主食产品加工工艺及质量控制；薯类休闲食品加工工艺及质量控制；超高压技术在薯类加工中的应用。

张苗，女，1984年6月生，博士，助理研究员。2007年毕业于福州大学生物科学与工程学院，获食品科学学士学位；2012年毕业于中国农业科学院研究生院，获农学博士学位。而后在中国农业科学院农产品加工研究所工作至今。目前主要从事薯类加工及副产物综合利用方面的研究工作。主持/参与国家自然科学基金青年科学基金项目、国际合作与交流项目、"十二五"科技支撑计划等项目，先后在*Journal of Functional Foods*、*International Journal of Food Science and Technology*和《农业工程学报》等杂志上发表多篇论文。

何海龙，男，1971年5月生。1994年至今，创办北京市海乐达食品有限公司，任董事长兼总经理；2010年至今，创办滦平县海达浩业养殖专业合作社；2015年至今，创办承德宇都生态农业有限公司；2015年，与中国农业科学院农产品加工研究所薯类加工团队合作研发，海乐达食品有限公司生产出了马铃薯馒头、面包、面条、糕点等系列产品并成功上市；2016年，在河北固安与固安县参花面粉有限公司共建主食产业化项目。